L. L. Marbas / E. Case

memo**tricks Biochemie**

Laurie L. Marbas / Erin Case

memotricks
Biochemie

Übersetzt und bearbeitet von Astrid Grams

Mit 77 Abbildungen

ELSEVIER
URBAN & FISCHER

URBAN & FISCHER
München · Jena

Zuschriften und Kritik an:
Elsevier GmbH, Urban & Fischer Verlag, Lektorat Medizinstudium, Andrea Wintermayr, Karlstraße 45, 80333 München

Titel der Originalausgabe
Laurie L. Marbas / Erin Case, Visual Mnemonics for Biochemistry
© Blackwell Publishing Ltd., 2004.

Diese Ausgabe wird mit Lizenz von Blackwell Publishing Ltd., Oxford, herausgegeben und wurde im Auftrag der Elsevier GmbH, München, aus der originalen englischen Ausgabe übersetzt. Für die korrekte Übersetzung ist allein die Elsevier GmbH, München, verantwortlich und nicht Blackwell Publishing Ltd.

Wichtiger Hinweis für den Benutzer
Die Erkenntnisse in der Medizin unterliegen laufendem Wandel durch Forschung und klinische Erfahrungen. Herausgeber und Autoren haben große Sorgfalt darauf verwendet, dass die in diesem Werk gemachten Angaben dem derzeitigen Wissensstand entsprechen. Das entbindet den Nutzer dieses Werkes aber nicht von der Verpflichtung, seine Verordnung in eigener Verantwortung zu treffen.
Wie allgemein üblich wurden Warenzeichen bzw. Namen (z.B. bei Pharmapräparaten) nicht besonders gekennzeichnet.

Bibliografische Information Der Deutschen Bibliothek
Die Deutsche Bibliothek verzeichnet diese Publikation in der Deutschen Nationalbibliografie; detaillierte bibliografische Daten sind im Internet unter http://dnb.ddb.de abrufbar.

Um den Textfluss nicht zu stören, wurde bei Patienten und Berufsbezeichnungen die grammatikalisch maskuline Form gewählt. Selbstverständlich sind in diesen Fällen immer Frauen und Männer gemeint.

Programmleitung: Dr. med. Dorothea Hennessen
Teamleitung: Andrea Wintermayr
Redaktion: Dr. med. Dorothea Pusch
Bildbearbeitung: Stefan Dangl, München
Herstellung: Cornelia Reiter
Satz: Mitterweger & Partner, Plankstadt
Druck und Bindung: Krips, Niederlande
Umschlaggestaltung: SpieszDesign, Neu-Ulm
ISBN 3-437-41033-4

Vorwort

Das Buch „memotricks Biochemie" ist ein Lernwerkzeug, um den Lernstoff der Biochemie schnell zu erlernen und auch im Gedächtnis zu behalten. Zwei hervorstechende Eigenschaften der „memotricks Biochemie" sind die Langzeit-Merkfähigkeit und die erhöhte Lernrate. Das ermöglicht dem Studenten, mehr Zeit zum Lernen des Stoffes aufzuwenden, der von den „memotricks Biochemie" nicht abdeckt wird.

Die vorliegenden Abbildungen sind als Lernhilfe entstanden, weil ich immer zu wenig Zeit hatte, mir Fakten effektiv einzuprägen. Ich war dann immer frustriert, sie mir nicht länger als eine Stunde bis nach der Prüfung merken zu können. Als Mutter von drei kleinen Kindern ist meine Zeit für das Studium begrenzt, und die verfügbare Zeit muss zu 100 % ausgenutzt werden. Diese Abbildungen erlaubten mir und auch vielen Studienkollegen, dies zu tun. Einige Studienkollegen berichteten mir, dass sich ihre Prüfungsnoten von einer Prüfung zur nächsten um bis zu 10 Punkte verbesserten. Wir sind auch der Meinung, dass die Langzeit-Merkfähigkeit im Vergleich zu traditionellen Lernmethoden anhand von Listen oder Karteikarten erstaunlich gesteigert werden kann.

Ich habe versucht, so viele sachdienliche Fakten und Funktionen wie möglich in den Zeichnungen zu kombinieren. Dieses Buch bedeutet nicht das Ende allen Lernens, aber es kann eine effizientere und anregendere Methode darstellen, sich das in den Illustrationen dargestellte Material einzuprägen.

Einige Tipps zur Anwendung der Bilder: Sehen Sie sich diese nach dem Durchlesen Ihrer Vorlesungsnotizen oder nach der Vorlesung etc. an. Sie werden dann feststellen, welches Material von diesem Buch nicht abgedeckt wird und was in Ihrem speziellen Lehrplan als wichtig angesehen wird. Beschriften Sie die Bilder, malen Sie sie aus, zeichnen Sie sie neu und fügen Sie Ihre eigenen Zeichnungen hinzu: je mehr die Zeichnungen bearbeitet werden, umso mehr Informationen werden im Langzeitgedächtnis gespeichert. Einige Studenten schreiben ihre Notizen noch einmal ab, um sie zu lernen etc. Schreiben Sie diese Informationen in das Buch. So wird der Stoff präzisiert und an einer Stelle zusammengefasst.

Danksagung

Während meiner medizinischen Ausbildung wurde ich mit vielen Möglichkeiten gesegnet, für die ich Gott jeden Tag danke. Ein besonderer Dank geht an meine Großmutter, Maxine Turner, die mir dabei half, meine drei Kinder zu versorgen, während ich die Universität besuchte, ohne sie wäre nichts davon möglich gewesen. Auch meinem Ehemann, Patrick Marbas, schulde ich großen Dank dafür, dass er für mich viele Opfer erbracht hat, z. B. ist er zwei Jahre lang jeden Tag 100 Meilen zur Arbeit gefahren, damit ich die medizinische Universität besuchen konnte. Zusätzlich gilt meine Liebe meinen drei wundervollen Kindern, Emily, Jonathan und Gabriel, die brav gespielt haben, während ich lernte und mich aufmunternd umarmten, wenn ich es am nötigsten hatte.

Danken möchte ich auch meiner Mutter, Patricia Lockridge, für ihre kreative Unterstützung und Ermutigung sowie Erin Case für ihre unterstützende Freundschaft während dieses Projekts.

Schließlich möchte ich noch Beverly Copland und Julia Casson für all die Geduld danken, die sie mir entgegenbrachten, während ich dieses Buch schrieb und auch für die Unterstützung, die ich von ihnen erhielt.

Laurie Marbas

Ein spezielles Dankeschön geht an Laurie für ihre Unterstützung, ihren ermunternden Zuspruch und ihre große Freundschaft. Ich danke ihr herzlich für die wunderbare Gelegenheit, zu dieser Buchserie beizutragen. Ich möchte mich ebenfalls bei Jay, meinem Ehemann, für all die Tipparbeiten spät nachts bedanken. Danken möchte ich außerdem meiner Mutter Christine und Jay für ihre Hilfe mit meiner Tochter Violet. Ebenso möchte ich auch Dr. John Pelley und all den großartigen Leuten bei Blackwell Publishing danken.

Erin Case

Fakultätsbeirat

Inhaltsverzeichnis

1 **Molekulare Struktur und Funktion** 2
1.1 Wasser 2
1.2 Proteine 4
1.3 Säure-Basen-Haushalt 6
1.4 Kovalente und nichtkovalente Bindungen . . . 8
1.5 Reaktionsordnungen enzymatischer
    Reaktionen 10
1.6 Freie Aktivierungsenergie 12
1.7 Michaelis-Menten-Kinetik 14
1.8 Hämoglobin und Myoglobin 16
1.9 Sauerstoffbindungskurve 18
1.10 CO_2-Transport 20

2 **DNA, RNA und Proteinbiosynthese** 22
2.1 Prokaryonten und Eukaryonten 22
2.2 DNA-Struktur 24
2.3 DNA-Replikation 26
2.4 RNA und Transkription 28
2.5 Genetischer Code 30
2.6 Proteinbiosynthese 32
2.7 lac-Operon 34
2.8 DNA-Mutationen 36
2.9 Molekulare Biotechnologie 38
2.10 Eigenschaften des Erbgangs 40
2.11 DNA-Reparaturdefekte 41
2.12 Glykogen-Speicherkrankheiten 42
2.13 Lysosomale Speicherkrankheiten 44
2.14 Pyruvatdehydrogenase-Mangel 46
2.15 Glucose-6-Phosphat-Dehydrogenase-
    Mangel 47
2.16 Phenylketonurie 48
2.17 Lesch-Nyhan-Syndrom 49
2.18 Zystische Fibrose (Mukoviszidose) 50
2.19 Fragiles-X-Syndrom (Martin-Bell-Syndrom) . . 51
2.20 Kollagensynthesedefekte 52
2.21 T_4-Bakteriophage und lytischer
    Stoffwechselweg 53
2.22 λ-Bakteriophage und lysogener
    Stoffwechselweg 54
2.23 Transformation, Transduktion und
    Konjugation 55

3 **Zell- und**
    Gewebestruktur 56
3.1 Lipide 56
3.2 Lipiddoppelschicht der Membran 58
3.3 Membrankanäle 60
3.4 Zytoskelett 62
3.5 Extrazelluläre Matrix 64
3.6 Lysosomale Speicherkrankheiten 66

4 **Metabolismus** 68
4.1 Oxidation von Glucose 68
4.2 Kohlenhydratstoffwechsel 70
4.3 Fettsäuren und Triglyzeride 72
4.4 Stoffwechsel essentieller Aminosäuren 74
4.5 Häm-Stoffwechsel: Synthese 76
4.6 Häm-Stoffwechsel: Häm-Abbau 78

5 **Blutplasma** 80
5.1 Plasmaproteine 80
5.2 Serumenzyme 82
5.3 Immunglobuline 84
5.4 Immunglobulinklassen 86
5.5 Blutgerinnung 88
5.6 Gerinnungshemmung 90
5.7 Gerinnungsstörungen 92

6 **Extrazelluläre Botenstoffe** 94
6.1 Chemische Signale 94
6.2 Steroidhormone 96
6.3 Biogene Amine 98
6.4 Acetylcholin 100
6.5 Biogene Amine als Neurotransmitter 102
6.6 GABA (γ-Amino-n-Buttersäure) 104
6.7 Schilddrüsenhormone 106
6.8 Eicosanoide 108

7 **Intrazelluläre Botenstoffe** 110
7.1 $α_1$-Adrenorezeptoren 110
7.2 $α_2$-Adrenorezeptoren 111
7.3 $β_1$-Adrenorezeptoren 112
7.4 $β_2$-Adrenorezeptoren 113
7.5 Nikotinerge Cholinorezeptoren 114
7.6 Muskarinerge Cholinorezeptoren 115
7.7 Zyklisches Adenosinmonophosphat
    (cAMP) 116
7.8 IP_3-(Inositol-1,4,5-Triphosphat-)Mecha-
    nismus 118
7.9 Mechanismus von Schilddrüsen- und
    Steroidhormonen 120
7.10 Calcium-Calmodulin-Mechanismus 122

8 **Zellzyklus und Krebs** 124
8.1 Zellzyklus 124
8.2 Cycline, Cyclin-abhängige Kinasen (CDKs)
    und Regulation des Zellzyklus 126
8.3 Onkogene 128
8.4 Tumorsupressorgene 130

9 **Nahrungsaufnahme und Fasten** 132
9.1. Zustand nach Nahrungsaufnahme 132
9.2 Fastenzustand 134
9.3 Hungerzustand 136

1 Molekulare Struktur und Funktion

1.1 Wasser

1.1.1 Biomolekülarten

- Triglyzeride
  - Sie sind aus Fettsäuren und Glycerin aufgebaut.
  - Ihre Fettsäuren sind über drei Hydroxygruppen miteinander verestert.
  - Sie sind aufgrund der Fettsäurekohlenwasserstoffe wasserunlöslich.
  - Sie werden auch als Lipide bezeichnet.
- Kohlenhydrate: ihre Untereinheiten stellen Monosaccharide dar
- Proteine
- Nukleinsäuren

1.1.2 Wasser

- Wasser ist das bedeutendste biologische Lösungsmittel.
- Zwei Wasserstoffatome und ein Sauerstoffatom sind in einem Winkel von 105° miteinander verbunden.
- Elektronen, die in Richtung des Sauerstoffmoleküls verschoben werden, bewirken eine partial-negative Ladung (δ-) am Sauerstoffatom und eine partial positive Ladung (δ+) an den Wasserstoffatomen, dies bezeichnet man als Dipol.
- Zwischen dem Sauerstoff eines Wassermoleküls und dem Wasserstoff eines anderen Wassermoleküls bilden sich Wasserstoffbindungen aus.
- Wasserstoffbindungen sind schwache Bindungen.
- Molare Konzentration: 1 Mol der Substanz entspricht dem Molekulargewicht dieser Substanz in Gramm.
  - Das Molekulargewicht des Wassers beträgt 18.
  - 18 Gramm Wasser entsprechen 1 Mol Wasser.
- Wassermoleküle werden in Hydroxylgruppen und Wasserstoffionen gespalten, wobei die Konzentrationen konstant sind:
  - $[H^+] \times [OH^-] = 10^{-14} \, M^2$
  - $H_2O + H_2O \leftrightarrow H_3O^+ + OH^-$

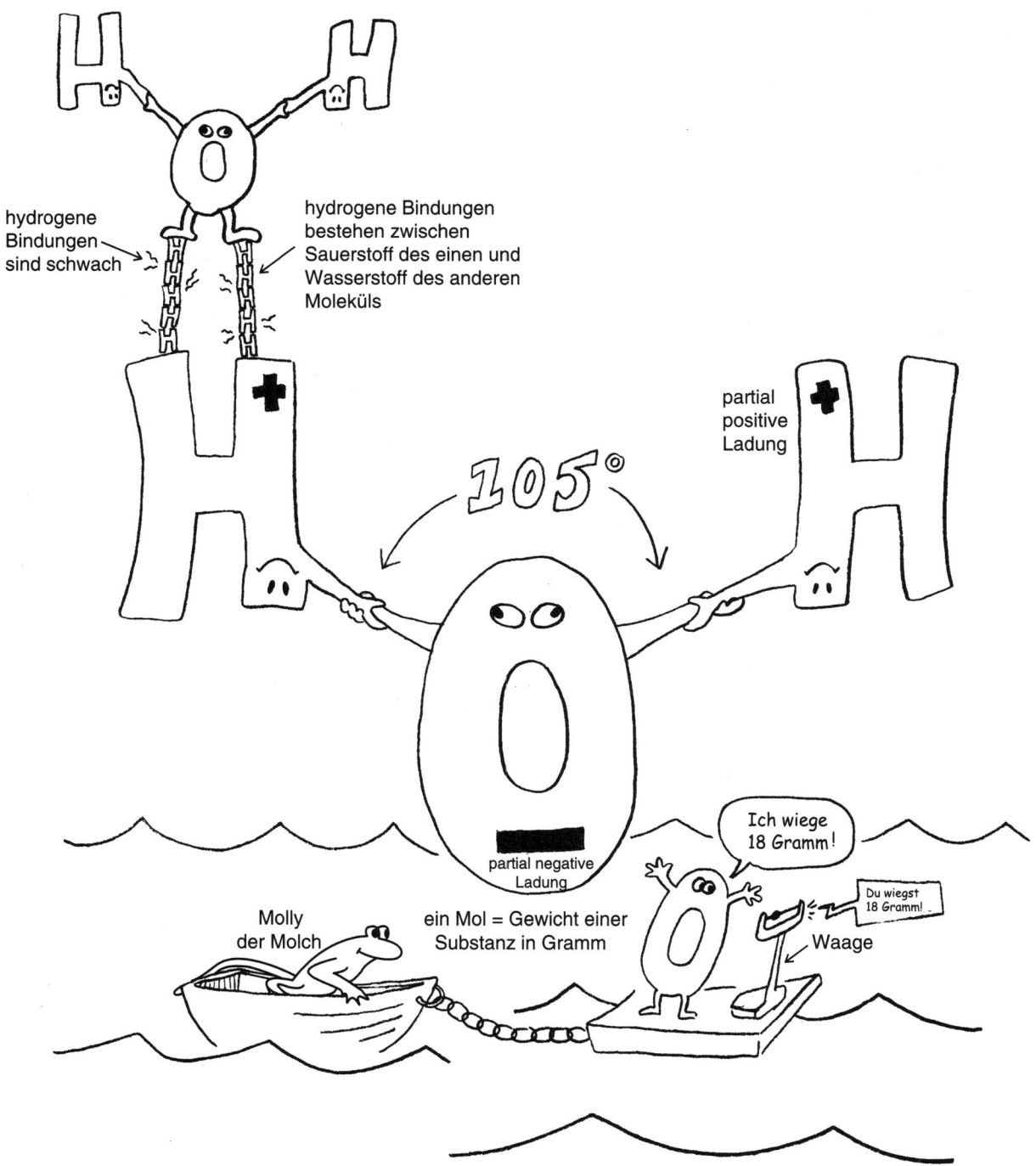

1.2 Proteine

- Polypeptide sind aus Aminosäuren aufgebaut und über Peptidbindungen miteinander verbunden.
- Proteine können aus einem oder aus mehreren Polypeptiden bestehen.
- **Aminosäuren bestehen aus einer Carboxygruppe, einer Aminogruppe, einem H$^+$-Atom und einer variablen Seitenkette (R):**

$$
\begin{array}{cc}
\text{COO}^- & \text{COO}^- \\
| & | \\
\text{H}_3^+\text{N} - \text{C} - \text{H} & \text{H} - \text{C} - \text{NH}_3^+ \\
| & | \\
\text{R} & \text{R} \\
\text{L-Aminosäure} & \text{D-Aminosäure}
\end{array}
$$

- **Titrationskurven von Aminosäuren:**
  - Der pK der Carboxy-Gruppe ist ca. 2.
  - Der pK der Aminogruppe ist ca. 9–10.
  - Unter pl (isoelektrischer Punkt) versteht man den pH-Wert, bei dem die Anzahl von negativen Ladungen der Anzahl von positiven Ladungen entspricht (oft ist es der Mittelpunkt zwischen zwei pK Werten).

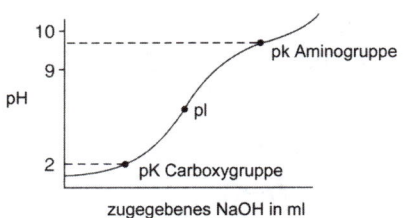

Titrationskurve von Alanin

- **Proteinstruktur:**
  - Aminosäuren sind über Peptidbindungen miteinander verbunden.
  - Dipeptide werden durch eine Kondensationsreaktion zwischen der Carboxygruppe der einen und der Aminogruppe der anderen Aminosäuren gebildet.

$$
\underset{\text{Glycin}}{\text{H}_3^+\text{N} - \text{CH}_2 - \text{COO}^-} + \underset{\text{Alanin}}{\text{H}_3^+\text{N} - \overset{\overset{\text{CH}_3}{|}}{\text{CH}} - \text{COO}^-} \xrightarrow{\text{H}_2\text{O}} \text{H}_3^+\text{N} - \text{CH}_2 - \overset{\overset{\text{O}}{\|}}{\text{C}} - \underset{\underset{\text{H}}{|}}{\text{N}} - \overset{\overset{\text{CH}_3}{|}}{\text{CH}} - \text{COO}^-
$$

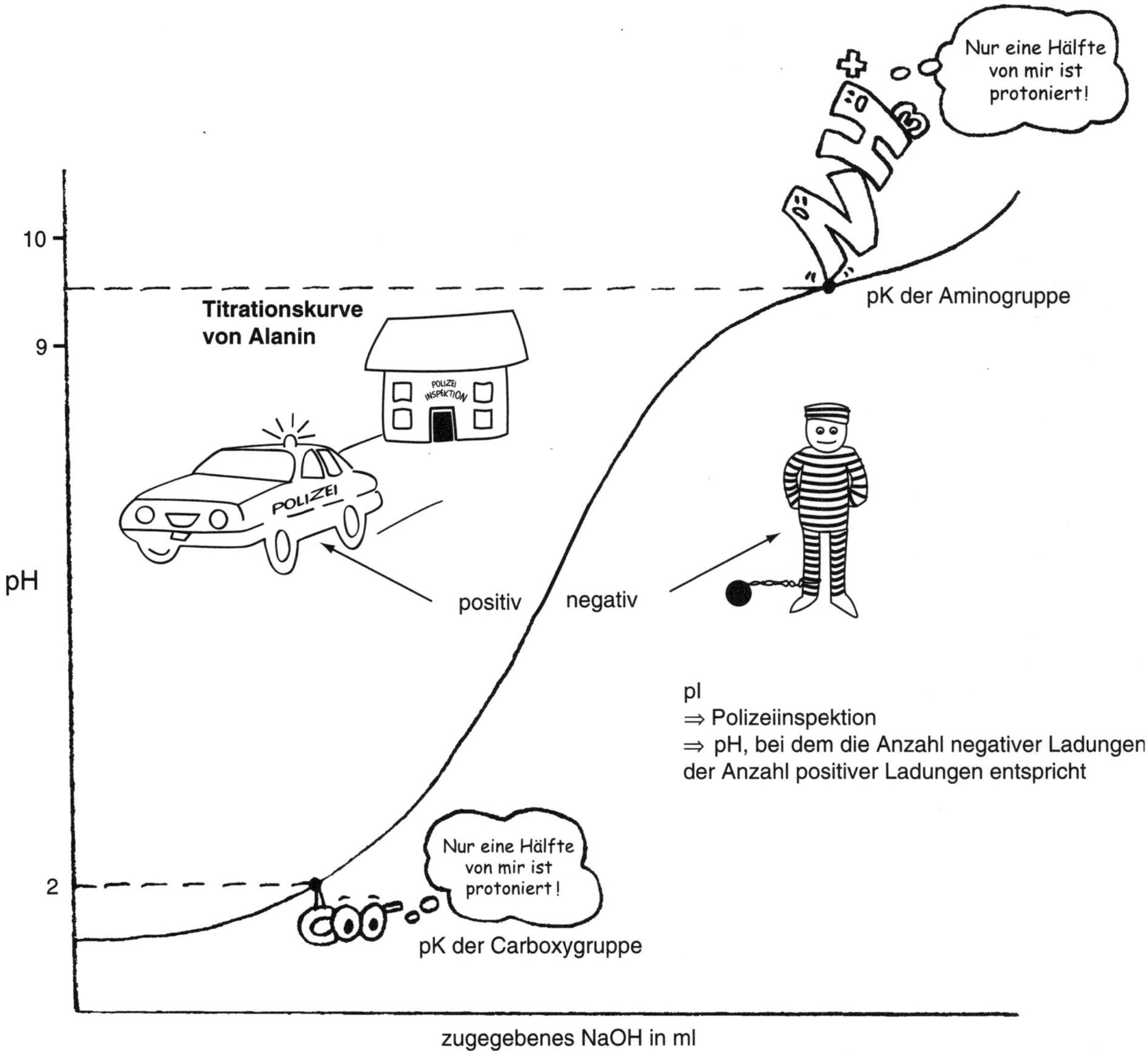

Nur eine Hälfte
von mir ist
protoniert!

NH₃⁺

10 —

– pK der Aminogruppe

9 —

**Titrationskurve
von Alanin**

POLIZEI
INSPEKTION

POLIZEI

pH

positiv   negativ

pI
⇒ Polizeiinspektion
⇒ pH, bei dem die Anzahl negativer Ladungen
der Anzahl positiver Ladungen entspricht

Nur eine Hälfte
von mir ist
protoniert!

2 — –

COO⁻

pK der Carboxygruppe

zugegebenes NaOH in ml

Dipeptide werden durch Kondensationsreaktion zwischen
Carboxygruppe der einen und Aminogruppe der anderen Aminosäuren gebildet

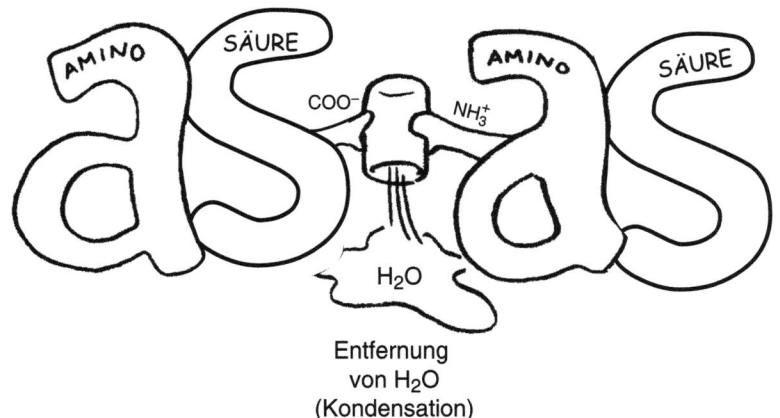

AMINO   SÄURE   AMINO   SÄURE

COO^- NH_3^+

H_2O

Entfernung
von H_2O
(Kondensation)

1.3 Säure-Basen-Haushalt

- Unter dem pH-Wert versteht man den negativen Logarithmus der H$^+$Ionen-Konzentration:
  - pH = -log [H$^+$]
- Der pH-Wert hängt von der Menge an Säuren und/oder Basen in einem Lösungsmittel ab.
- Was ist eine Säure? Eine Säure gibt Protonen ab (Brønsted Definition)
- Was ist eine Base? Eine Base bindet Protonen (Brønsted Definition)
- Beispiele für Säure und Basen (konjugierte Säuren und Basen):
  - Die protonierte Form des Moleküls (Säure) gibt ein Proton ab und bildet ein deprotoniertes Anion (konjugierte Base).
  - Die deprotonierte Form des Moleküls (Base) nimmt ein Proton auf und bildet ein protoniertes Kation (konjugierte Säure).
- Unter dem pK-Wert versteht man den negativen Logarithmus der Dissoziationskonstante. Der pK-Wert ist der pH-Wert, bei dem die ionisierbaren Gruppen zur Hälfte protoniert sind.
  - pK = [RCOO$^-$] x [H] / [RCOOH]
  - Wenn der pH-Wert kleiner als der pK-Wert ist ($\uparrow$ [H$^+$]), sind die ionisierbaren Gruppen größtenteils protoniert.
  - Wenn der pH-Wert größer als der pK-Wert ist ($\downarrow$ [H$^+$]), sind die ionisierbaren Gruppen größtenteils deprotoniert.
- Henderson-Hasselbach-Gleichung:
  - pH = pK + log ([RCOO$^-$] / [RCOOH])

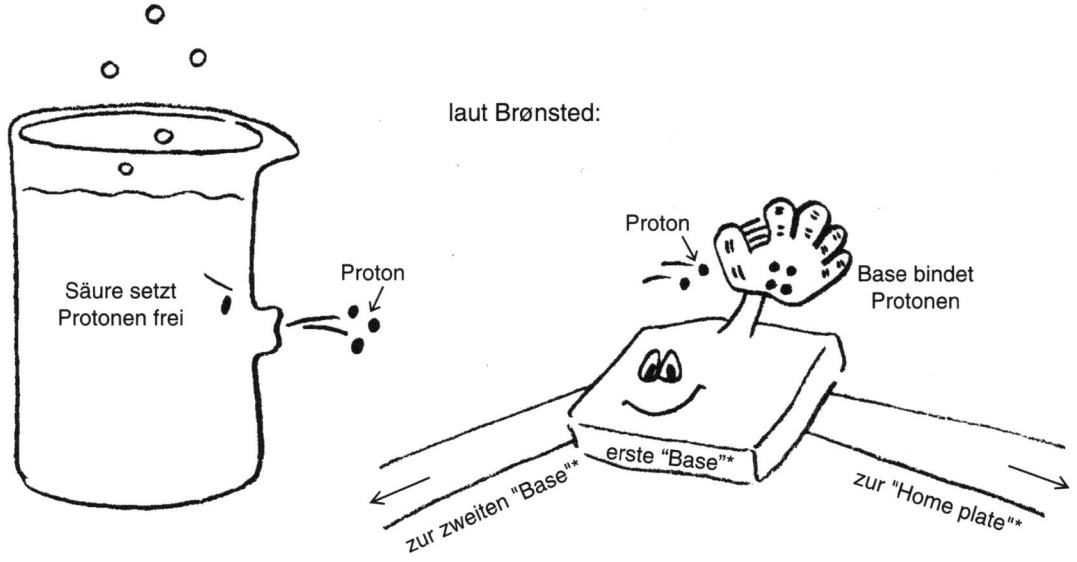

laut Brønsted:

* Begriffe aus dem Baseball, Base = Basis

Säure gibt Proton ab ⇒ es entstehen Anion + Proton

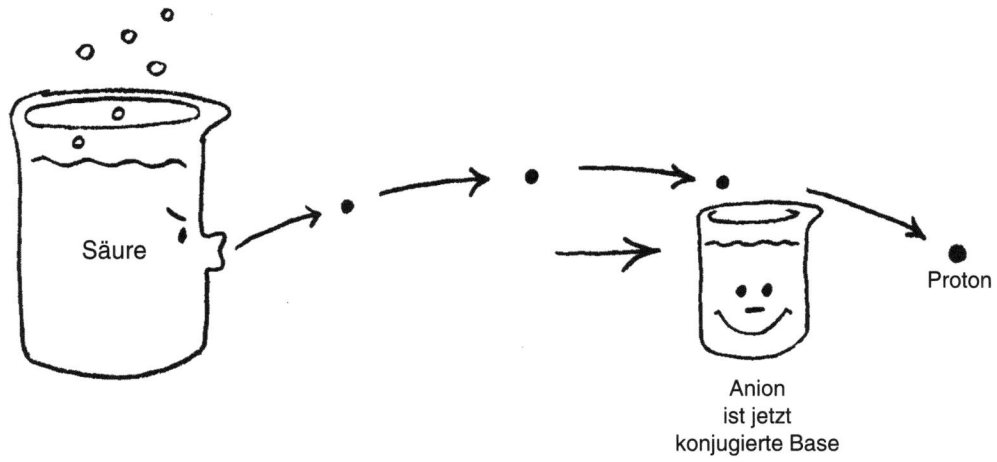

Base ist deprotoniert und nimmt Proton auf ⇒ Kation mit Proton

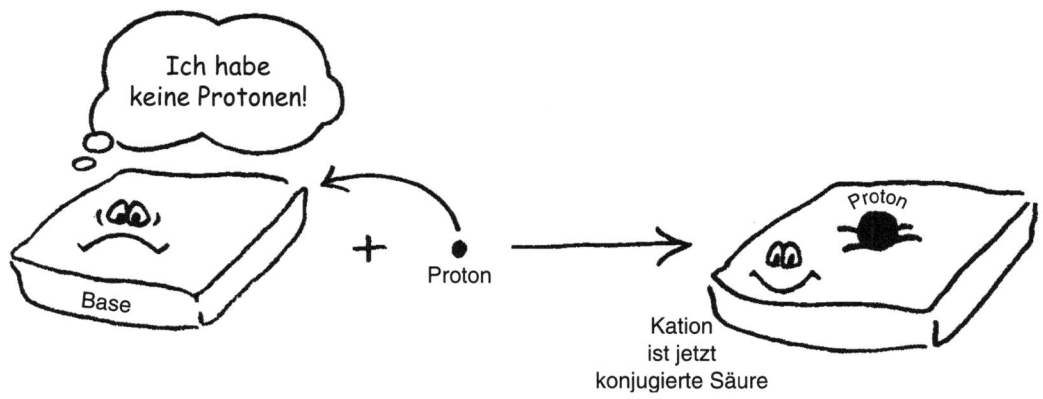

1.4 Kovalente und nichtkovalente Bindungen

- Bei kovalenten Bindungen teilen sich zwei Atome je ein Elektron, die Bindung ist stark und stabil. Diese Art von Bindung kommt innerhalb von Molekülen vor.
- Bei nichtkovalenten Bindungen kommt es zu schwachen Interaktionen zwischen oder innerhalb von Molekülen.
  - Als Dipol-Dipol-Bindungen bezeichnet man zum Beispiel Wasserstoffbindungen.
  - Bei elektrostatischen Bindungen (Salzbindungen) besteht eine Anziehungskraft zwischen einem Anion und einem Kation.
  - Ionen-Dipol-Bindungen sind Bindungen zwischen einem Ion und einem Dipol.
  - Als hydrophob bezeichnet man Moleküle, die schlecht mit Wasser reagieren.
  - Unter Van-der-Waals-Bindungen versteht man eine schwache Anziehungskraft zwischen zwei von einander entfernten Molekülen. Es kann aber bei einer geringen Entfernung der beiden Moleküle zur Abstoßung kommen.

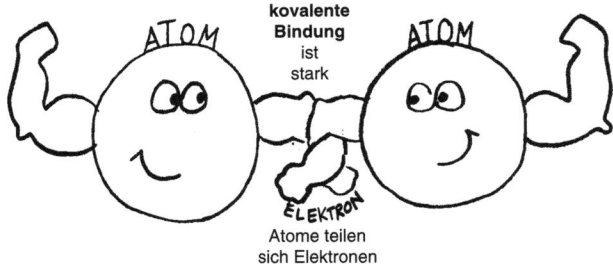

kovalente Bindung ist stark

Atome teilen sich Elektronen

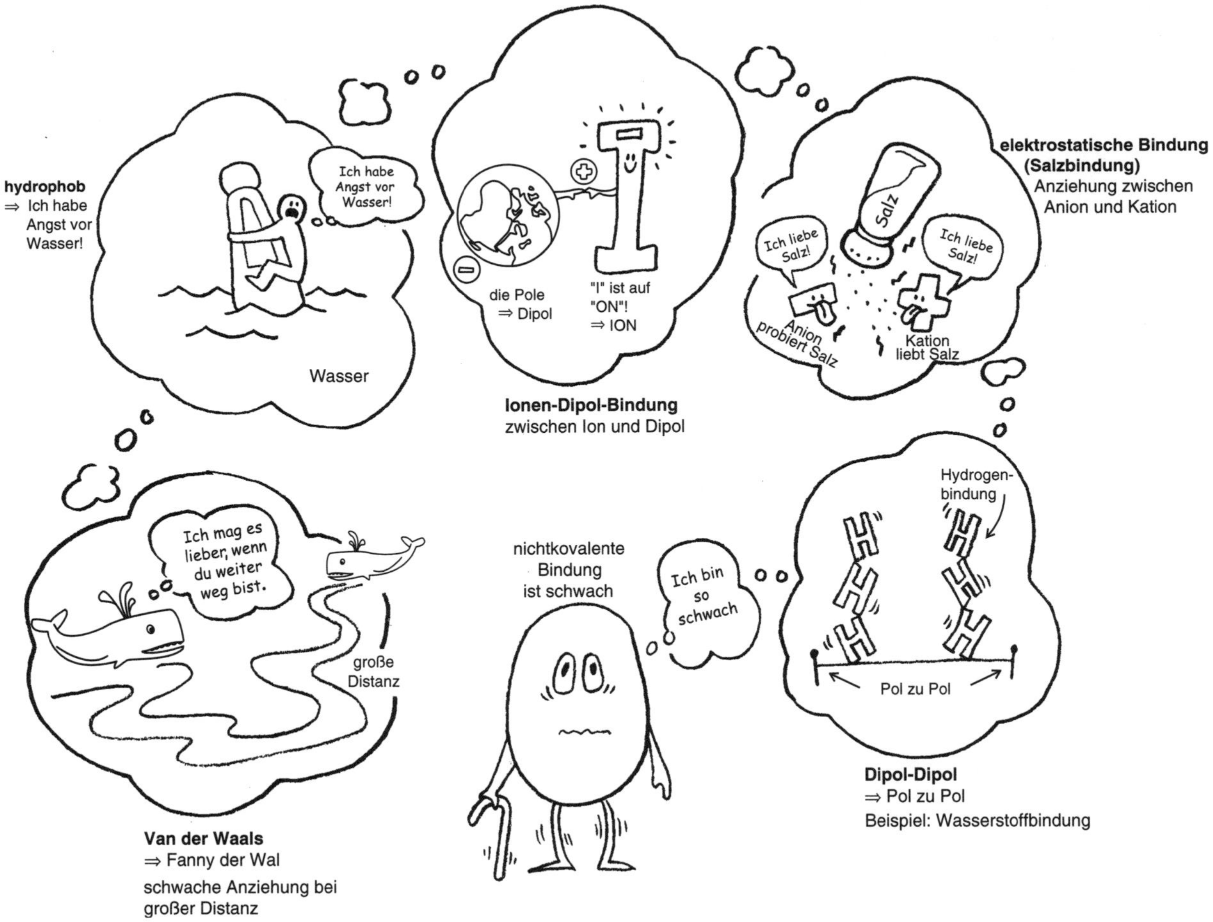

hydrophob
⇒ Ich habe Angst vor Wasser!

Ich habe Angst vor Wasser!

Wasser

die Pole ⇒ Dipol

"I" ist auf "ON"! ⇒ ION

Ionen-Dipol-Bindung
zwischen Ion und Dipol

elektrostatische Bindung (Salzbindung)
Anziehung zwischen Anion und Kation

Ich liebe Salz!

Ich liebe Salz!

Anion probiert Salz

Kation liebt Salz

Ich mag es lieber, wenn du weiter weg bist.

große Distanz

Van der Waals
⇒ Fanny der Wal

schwache Anziehung bei großer Distanz

nichtkovalente Bindung ist schwach

Ich bin so schwach

Hydrogenbindung

Pol zu Pol

Dipol-Dipol
⇒ Pol zu Pol
Beispiel: Wasserstoffbindung

1.5 Reaktionsordnungen enzymatischer Reaktionen

- Unter einem Enzym versteht man einen Katalysator, der die Aktivitätsrate einer Reaktion erhöht. Das Enzym wird bei diesem Vorgang nicht verbraucht, und es wird regeneriert.
  - Enzyme beeinflussen die Aktivitätsrate einer Reaktion, nicht aber ihren Energiebedarf.
  - Die meisten Enzyme sind aus Proteinen, einige wenige aus RNA aufgebaut (sog. Ribozyme).
  - Enzyme wirken hochselektiv.
- **Reaktion 0. Ordnung:**
  - Die Reaktionsgeschwindigkeit ist unabhängig von der Substratkonzentration.
  - Sie wird bei einer großen Substratkonzentration durch die limitierte Katalysatormenge begrenzt.
- **Reaktion 1. Ordnung:**
  - Die Reaktionsgeschwindigkeit verhält sich direkt proportional zur Substratkonzentration.
  - Typischerweise existiert für diese Reaktionen nur ein Substrat. Ein Beispiel dafür ist der radioaktive Zerfall.
- **Reaktion 2. Ordnung:**
  - Die Reaktionsgeschwindigkeit hängt von der Konzentration zweier Substrate ab.

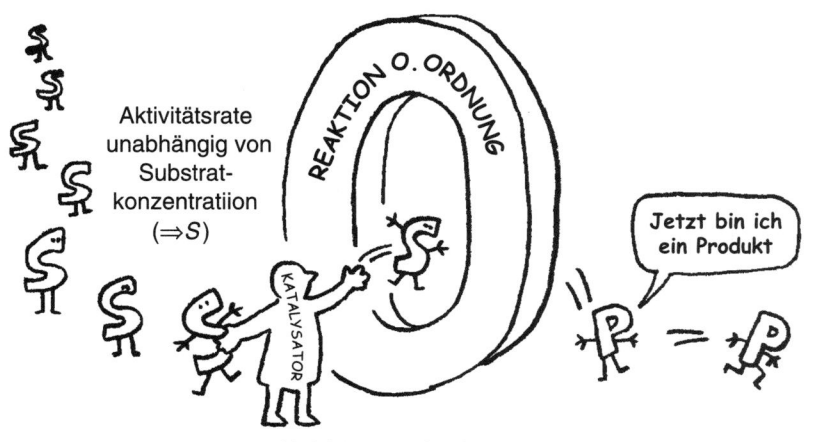

Aktivitätsrate unabhängig von Substratkonzentratiion ($\Rightarrow S$)

Aktivitätsrate durch Katalysatormenge limitiert

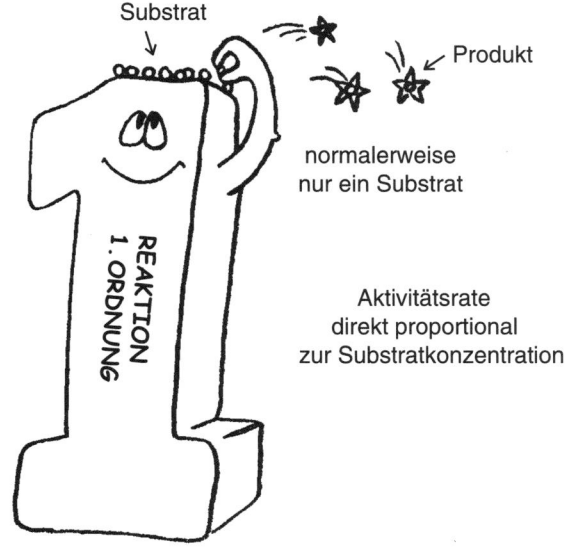

normalerweise nur ein Substrat

Aktivitätsrate direkt proportional zur Substratkonzentration

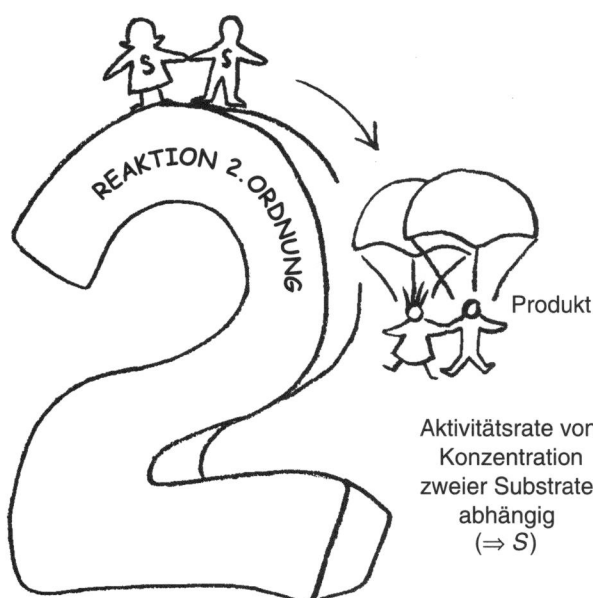

Aktivitätsrate von Konzentration zweier Substrate abhängig ($\Rightarrow S$)

1.6 Freie Aktivierungsenergie

Die freie Aktivierungsenergie wird durch Enzyme herabgesetzt.

- Unter freier Aktivierungsenergie (ΔG_{act}) versteht man die freie Energiedifferenz, die zwischen Substrat- und Übergangszustand (Zwischenstufe zwischen Substrat und Produkt) besteht.
- Enzyme stabilisieren diesen Übergangszustand, da sie die freie Aktivationsenergie herabsetzen und dadurch die Aktivitätsrate einer Reaktion steigern.

1.7 Michaelis-Menten-Kinetik

- **Michaelis-Menten-Gleichung:**
  - $V = V_{max}$ x ($[S]$ / $K_m + [S]$)
  - V: Reaktionsgeschwindigkeit
  - V_{max}: maximale Reaktionsgeschwindigkeit
  - $[S]$: Substratkonzentration
  - K_m: Michaelis-Konstante
- **Michaelis-Konstante** (K_m; s. rechte Abb. der nächsten Doppelseite) ist die Substratkonzentration, bei der
  - das Enzym zur Hälfte mit Substrat gesättigt ist
  - die Reaktionsgeschwindigkeit die Hälfte der maximalen Geschwindigkeit beträgt
  - Wenn die Substratkonzentration größer als K_m ist, findet eine Reaktion 0. Ordnung statt → die Reaktionsrate ist durch die Enzymmenge, aber nicht durch die Substratmenge limitiert.
  - Wenn die Substratmenge geringer als K_m ist, erfolgt eine Reaktion 1. Ordnung → die Reaktionsrate ist von der Substratkonzentration abhängig.
- **Lineweaver-Burk-Gleichung:**
  - entsteht beim Umdrehen der Michaelis-Menten-Gleichung und stellt sich in einem Diagramm als Gerade dar:
  - $1/V = (1/V_{max}) + (K_m/V_{max})$ x $(1/[S])$
  - $1/V_{max}$: Schnittpunkt mit der y-Achse
  - $-1/K_m$: Schnittpunkt mit der x-Achse

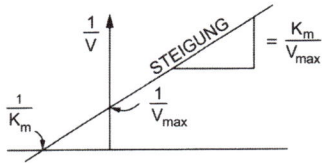

1.7.1 Enzymklassifikation

- Transferasen ermöglichen die Übertragung der Gruppe eines Moleküls auf ein anderes. Beispiele dafür sind Kinasen und Phosphorylasen.
- Lyasen entfernen Gruppen und bewirken damit die Ausbildung von Doppelbindungen. Ein Beispiel hierfür sind Decarboxylasen.
- Hydrolasen ermöglichen die Anlagerung von Wasser durch die Spaltung einer Bindung.
- Oxidoreduktasen katalysieren Oxidations-Reduktions-Reaktionen, sie umfassen Dehydrogenasen, Oxygenasen und Peroxidasen.
- Ligasen bewirken eine zweifache Reaktion, zunächst wird die Phosphoanhydratbindung des ATP hydrolysiert und anschließend eine andere Bindung ausgebildet.
- Isomerasen katalysieren die gegenseitige Umwandlung verschiedener Isomere.

1.7.2 Coenzyme

Enzymatische Reaktionen benötigen zusätzlich einen nichtpolypeptiden Kofaktor. Man unterscheidet zwei Arten von Coenzymen:

- **Kosubstrate:**
  - Es erfolgt eine vorübergehende Bindung am aktiven Zentrum eines Enzyms.
  - Das Kosubstrat wird während der chemischen Reaktion verändert.
  - Sie umfassen ATP (Adenosintriphosphat), GTP (Guanosintriphosphat), UTP (Uridintriphosphat), CTP (Cytidintriphosphat), NAD, NADP, Coenzym-A, SAM (S-Adenosylmethionin) und THF (Tetrahydrofolat).
  - Die Funktionen von ATP sind die Ausbildung einer Vorstufe der RNA-Synthese, die Abgabe von Phosphat bei Phosphorylierungsreaktionen, die Bereitstellung von Energie für den aktiven Membrantransport, die Muskelkontraktion und die Kopplung endergonischer Reaktionen.
- **Prosthetische Gruppen:**
  - Es besteht eine ständige Bindung am aktiven Zentrum eines Enzyms.
  - Sie umfassen FAD (Flavin-Adenin-Dinukleotid), FMN (Flavin-Mononukleotid), Häm, Biotin, α-Liponsäure, PLP (Pyridoxalphosphat) und TPP (Thiaminpyrophosphat).

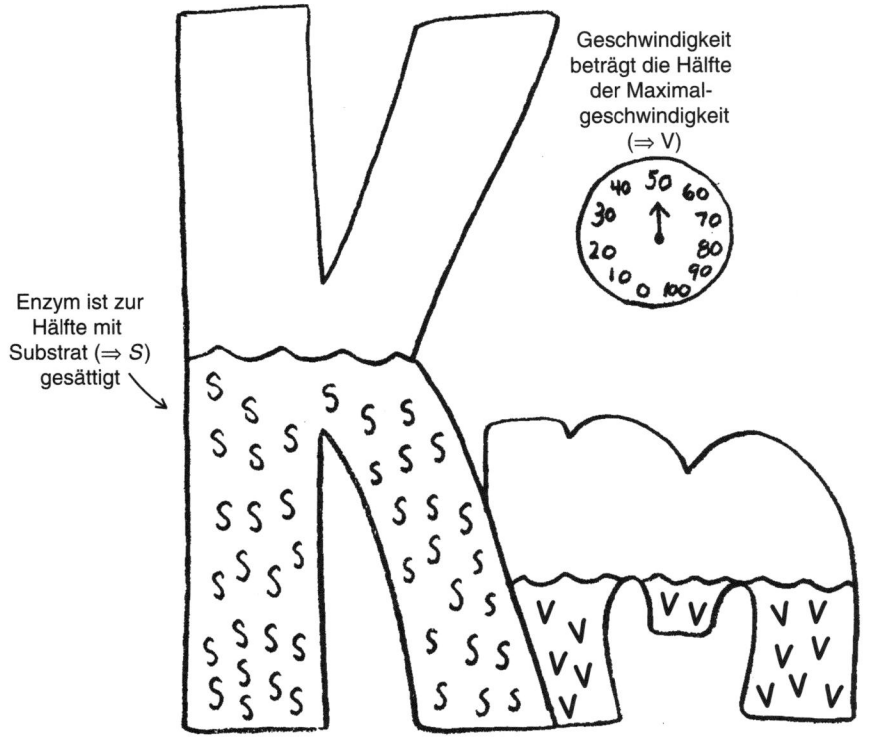

Geschwindigkeit
beträgt die Hälfte
der Maximal-
geschwindigkeit
($\Rightarrow$ V)

Enzym ist zur
Hälfte mit
Substrat ($\Rightarrow$ S)
gesättigt

1.8 Hämoglobin und Myoglobin

1.8.1 Hämoglobin

- Hämoglobin ist Bestandteil der roten Blutkörperchen und für den Sauerstofftransport von den Lungen zu den extrapulmonalen Geweben verantwortlich.
- Oxygeniertes Hämoglobin stellt sich rot dar, nichtoxygeniertes blau.
- Rote Blutkörperchen enthalten keinen Zellkern oder Mitochondrien und verbrauchen deshalb keinen Sauerstoff, die benötigte Energiemenge wird durch einen anaeroben Stoffwechsel gedeckt (Glucose wird zu Laktat umgewandelt).
- Das Eisen muss sich im zweiwertigen Zustand befinden (Fe^{2+}), um Sauerstoff binden zu können.
- Hämoglobin besteht aus vier Häm tragenden Polypeptidgruppen.
- Die Häm-Gruppe ist eine Bindungsstelle für den Sauerstoff, sie ist aus Porphyrin und zweiwertigem Eisen im Zentrum aufgebaut.
- Hämoglobintypen:
  - Hämoglobin A (HbA) ist die adulte Form und besteht aus zwei α- und zwei β-Ketten.
  - Das seltenere adulte Hämoglobin (HbA$_2$) besteht aus zwei α- und zwei δ-Ketten.
  - Das fetales Hämoglobin (HbF) besteht aus zwei α- und zwei γ-Ketten, es besitzt eine höhere Sauerstoffaffinität als die adulte Form, dadurch wird die Sauerstoffübertragung von mütterlichem auf das kindliche Blut gefördert.

1.8.2 Sauerstoffaffinität

- Die Sauerstoffaffinität des Hämoglobins nimmt aufgrund der Umwandlung aus dem „T"- in den R-Zustand mit jeder zusätzlichen Sauerstoffbindung zu.
- Jede Sauerstoffanlagerung erleichtert die Bindung zusätzlicher Sauerstoff-Moleküle, bis insgesamt vier Sauerstoffmoleküle an ein Hämoglobinmolekül gebunden sind (kooperativer Effekt, s. Abb. rechts).
- Unter dem T-Zustand versteht man das Desoxyhämoglobin, das die geringste Sauerstoffbindungsaffinität besitzt.
- Der R-Zustand beschreibt das Oxyhämoglobin, das die größte Sauerstoffbindungsaffinität aufweist.

1.8.3 Myoglobin

- Myoglobin kommt in Muskeln vor und ist für die Speicherung des Sauerstoffs verantwortlich, der während einer anstrengenden Muskelaktivität benötigt wird.
- Seine Struktur besteht aus acht α-Helices und einer Häm-Gruppe.

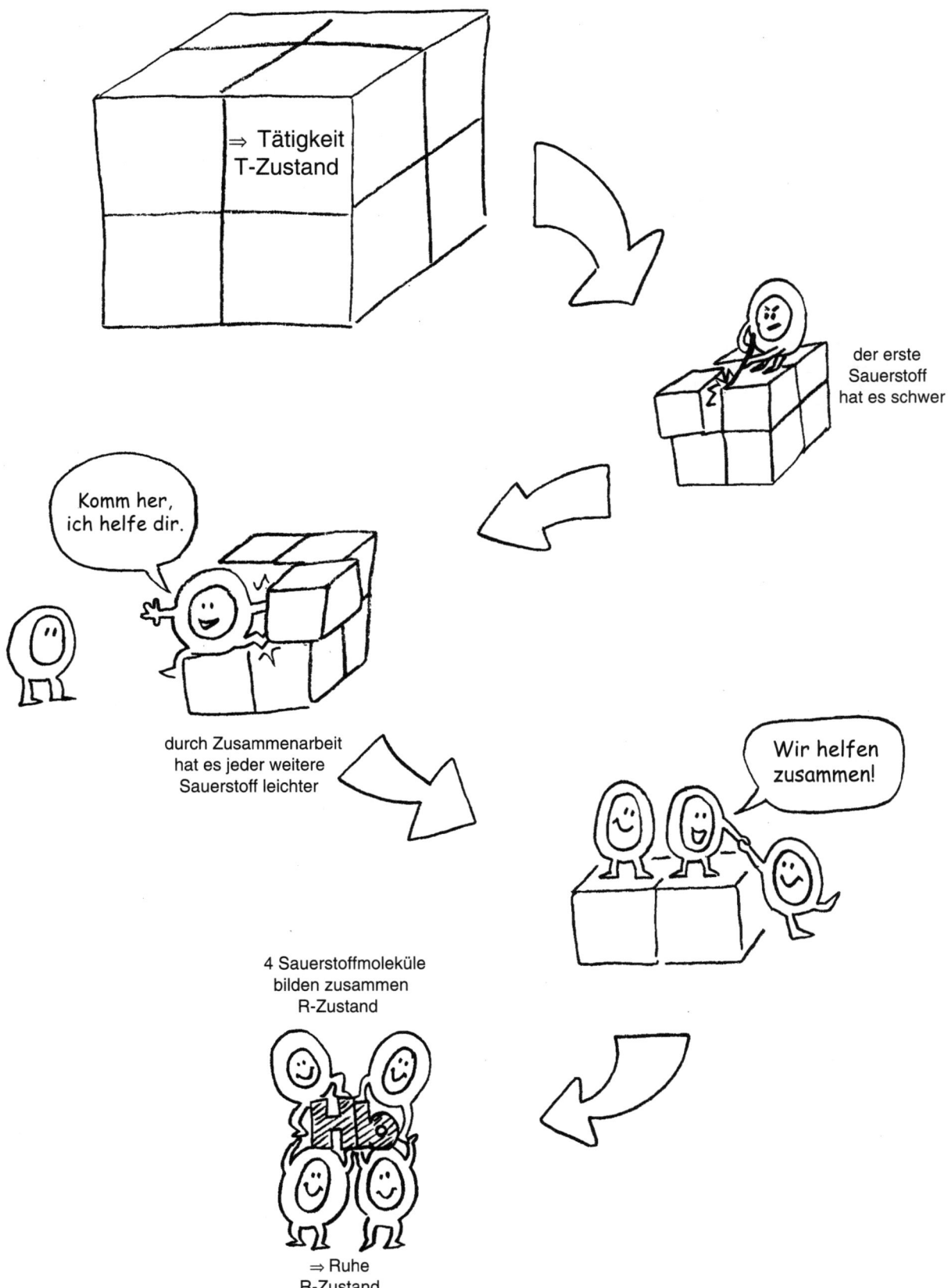

1.9 Sauerstoffbindungskurve

- Sie beschreibt die Häm-Menge, die bei verschiedenen Sauerstoffpartialdrücken mit Sauerstoff gesättigt ist.
- Hämoglobin besitzt aufgrund des kooperativen Effekts eine sigmoide Kurve.
- Myoglobin weist eine hyperbolische Kurve auf, d. h., es bindet den Sauerstoff fester, als das Hämoglobin. Dadurch wird die Übertragung des Sauerstoffs von Hämoglobin im Blut auf das Myoglobin im Muskel erleichtert.

1.9.1 BPG

BPG (2,3-Bisphosphoglyzerat) bindet an die T-Form des Hämoglobins und stabilisiert dieses, dadurch setzt es die Sauerstoffaffinität des Hämoglobins herab.

- Eine gesteigerte Anlagerung erfolgt in hypoxischen Zuständen und in großer Höhe.
- Obwohl BPG die Sauerstoffaffinität des Hämoglobins herabsetzt, erhöht es die Abgabefähigkeit von Sauerstoff an das Gewebe, dadurch ermöglicht es dem Gewebe in hypoxischen Zuständen den benötigten Sauerstoff zu erhalten.
- Es bindet weniger an fetales, als an adultes Hämoglobin, dadurch weist das fetale Hämoglobin eine stärkere Sauerstoffbindungsaffinität auf und die Übertragung von mütterlichem auf kindliches Blut wird gefördert.

1.9.2 Bohr-Effekt

Ein niedriger pH-Wert vermindert die Sauerstoffaffinität des Hämoglobins, dadurch wird die Übertragung von Sauerstoff auf ischämisches Gewebe erleichtert. Aktive Muskeln zum Beispiel bilden durch die Laktatbildung ein saures Milieu aus.

1.9.3 Methämoglobin

Als Methämoglobin bezeichnet man Hämoglobin, dessen Eisen in oxidierter, dreiwertiger Form vorliegt (Fe^{3+}) und damit keinen Sauerstoff transportieren kann.

- Die Schutzmechanismen der roten Blutkörperchen gegenüber Oxidation beinhalten …
  - Glutathion, das ein Reduktionsmittel ist und gefährliche Substanzen oxidiert.
  - Methämoglobinreduktase, die Methämoglobin zu Hämoglobin reduziert.
- Substanzen, die eine Oxidation von zwei- zu dreiwertigem Eisen verursachen, sind aromatische Nitroverbindungen, Aminobenzolfarbstoffe und Nitrite.
- Eine Methämoglobinämie wird mit Methylenblau therapiert.

1.9.4 Kohlenmonoxid

- CO ist ein kompetitiver Antagonist.
- Er konkurriert mit Sauerstoff um Hämoglobinbindungsstellen.
- Er besitzt eine 200-fach höhere Affinität zu Häm, als der Sauerstoff.
- Patienten mit einer CO-Vergiftung haben keine Zyanose.
- Die Behandlung erfolgt mit erhöhtem Sauerstoffpartialdruck (hyperbarer Sauerstoff).

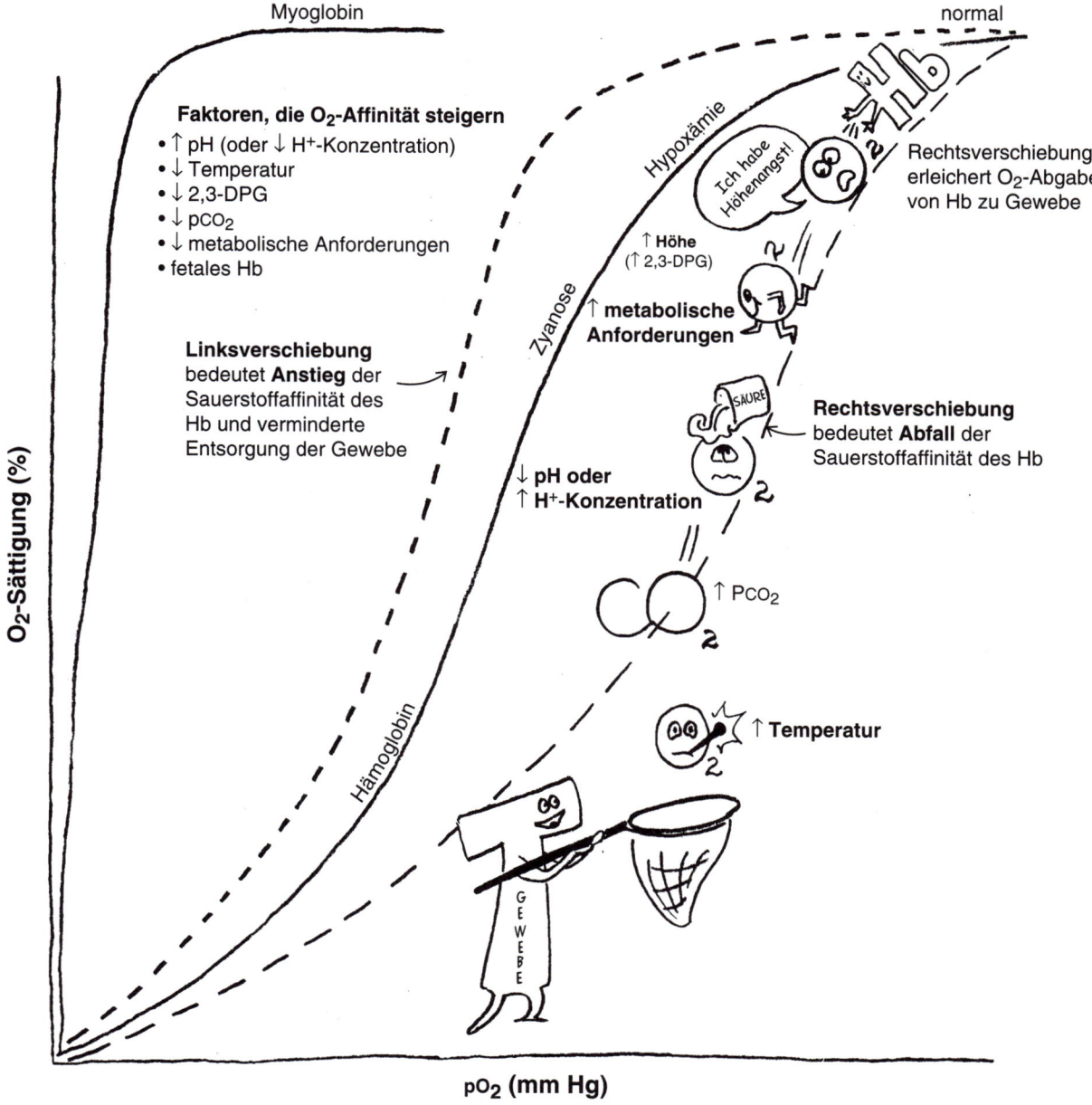

1.10 CO_2-Transport

- CO_2 wird im venösen Blut in drei Formen transportiert:
  - 90 % des CO_2 wird in den roten Blutkörperchen zu HCO_3^- hydratisiert.
  - In Form von Carbaminohämoglobin ist ein Teil des CO_2 an Hämoglobin gebunden.
  - Das übrige CO_2 wird in gelöster Form transportiert.
- HCO_3-Transport des CO_2:
  - Das CO_2 diffundiert aus dem Gewebe in die roten Blutkörperchen; dort bildet es zusammen mit H_2O das H_2CO_3 aus, das zu H^+ und HCO_3^- zerfällt.
  - Eine Chlorid-Verschiebung bewirkt im Austausch mit einem Cl^--Ion einen Auswärtstransport von HCO_3^- aus den Erythrozyten. Das ermöglicht dem HCO_3^- im Blutplasma zu den Lungen transportiert zu werden, wo die umgekehrte Reaktion stattfindet (s. rechte Abb. auf nächster Doppelseite) und das CO_2 abgeatmet werden kann.
  - Das H^+-Ion, das bei der Dissoziation von H_2CO_3 entsteht, wird in den roten Blutkörperchen durch Desoxyhämoglobin abgepuffert.

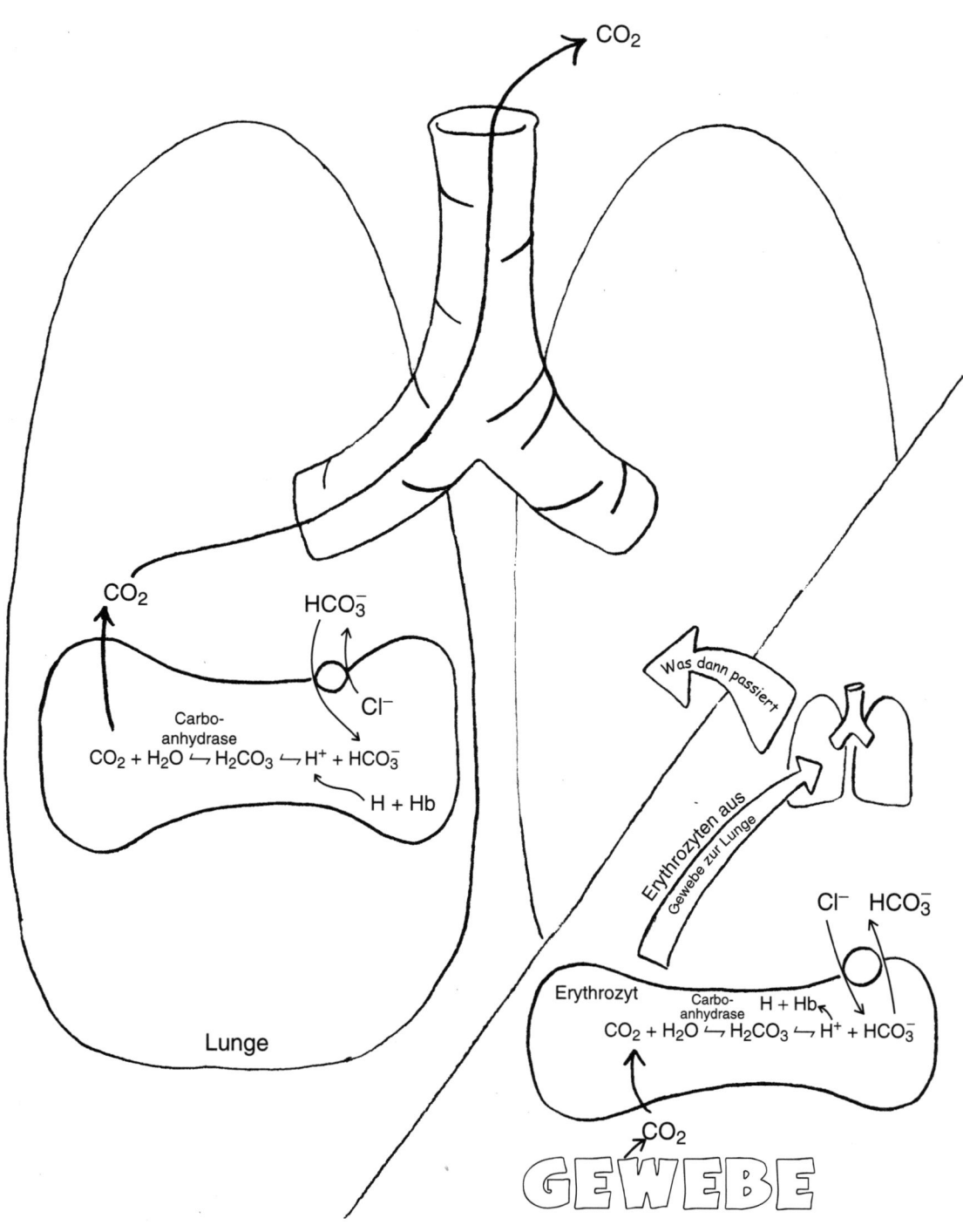

2 DNA, RNA und Proteinbiosynthese

2.1 Prokaryonten und Eukaryonten

2.1.1 Prokaryonten

- umfassen Bakterien und Blau- bzw. Grünalgen
- Größe 0,4–4 µm
- enthalten keinen Zellkern, kein Zytoskelett und keine membrangebundenen Organellen
- einige besitzen eine Zellwand
- haploider Chromosomensatz
- besitzen keine Histone oder Introne
- 70S-Ribosomen
- ringförmige DNA

2.1.2 Eukaryonten

- umfassen Protozoen, Pflanzen und Tiere
- Zellen werden durch intrazelluläre Membranen in Zellorganellen unterteilt
- Größe 5–50 µm
- enthalten Zellkern, Zytoskelett und membrangebundene Organellen
- sind zu Endozytose und Exozytose fähig
- Pflanzen besitzen eine Zellwand.
- haploider oder diploider Chromosomensatz
- besitzen Histone und Introne
- 80S-Ribosomen
- lineare DNA

2.1.3 Gemeinsamkeiten aller lebenden Zellen

- Alle Zellen besitzen eine Plasmamembran.
- Alle Zellen weisen metabolische Aktivität auf.
- Alle Zellen verfügen über eine genetische Information (DNA).

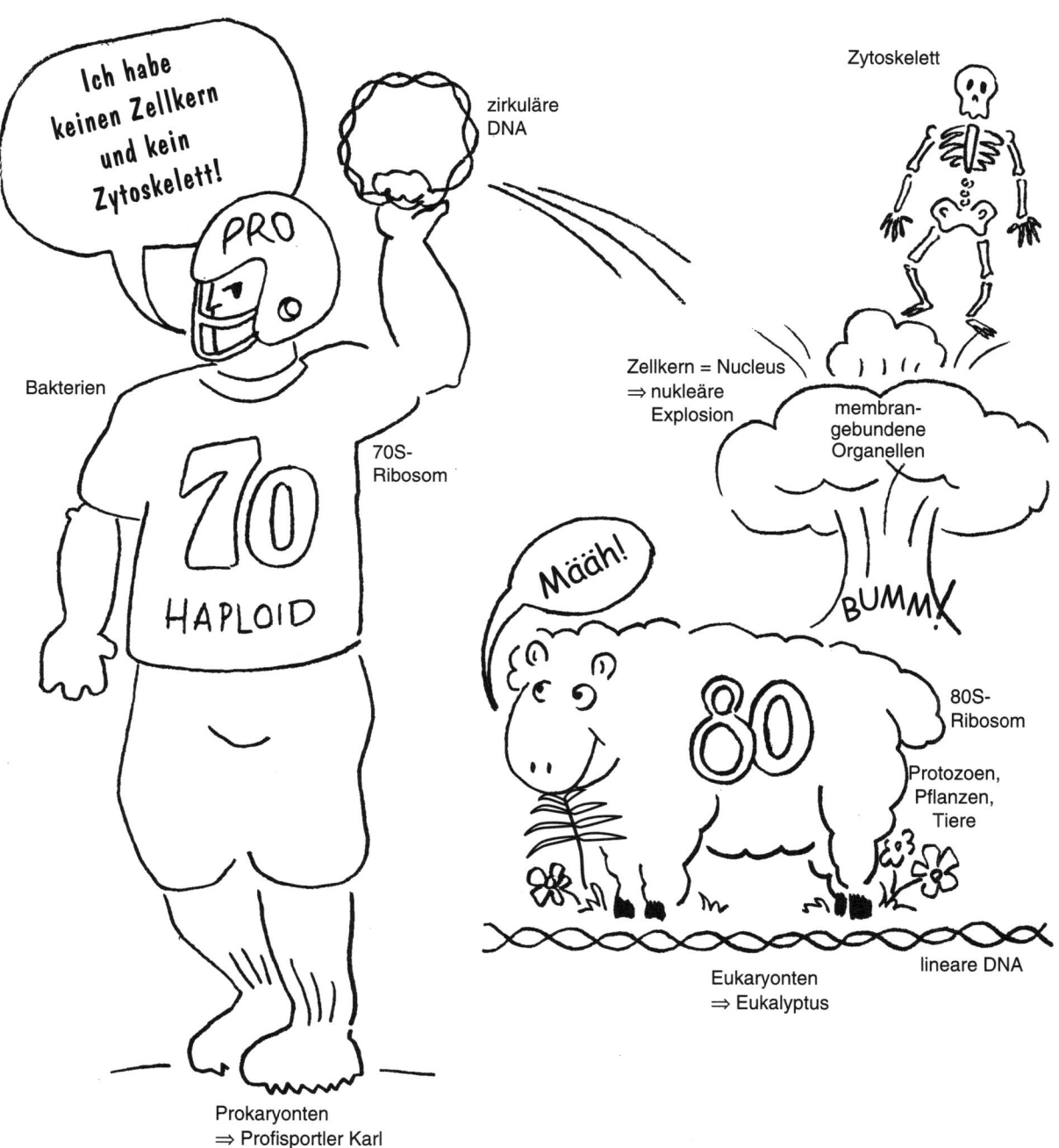

2.2 DNA-Struktur

- Die DNA (engl. desoxyribonucleic acid) enthält vier Basen, die Purine Adenin und Guanin und die Pyrimidine Cytosin und Thymin.
- Das Rückgrat der DNA wird von 2-Desoxyribose, Phosphat und Phosphodiesterbindungen gebildet.
- Das C_1 der 2-Desoxyribose bildet mit dem Nitrogen-1 der Pyrimidine und dem Nitrogen-9 der Purine eine Glykosidbindung.
- Die Doppelstrangform (Doppelhelix) der DNA wurde erstmals von James Watson und Francis Crick beschrieben.
- Die DNA-Stränge der Doppelhelix sind gegenläufig angeordnet:
  - Am C_5-Ende der terminalen 2-Desoxyribose befindet sich eine freie Desoxygruppe.
  - Am anderen Ende, dem C_3-Ende befindet sich eine freie Hydroxygruppe.
  - Der Name 5' ist für das linke Ende festgelegt.
  - Der Name 3' beschreibt das rechte Ende.
- Die Basen sind nach innen positioniert.
- Die Basen reagieren mit den Hydrogenbindungen des gegenüberliegenden Stranges:
  - Adenin paart sich mit Thymin über zwei Hydrogenbindungen.
  - Guanin paart sich mit Cytosin über drei Hydrogenbindungen, was eine stärkere Bindung darstellt.
- Die Basen sind so angeordnet, dass die nacheinander folgenden Basen flach aufeinander liegen.
- Die Doppelstrang-DNA enthält gleiche Mengen an Adenin/Thymin bzw. Guanin/Cytosin.
- Die DNA-Doppelhelix ist eine rechtsdrehende Helix, mit ungefähr 10 Basen pro Umdrehung.
- In der Doppelstrang-DNA gibt es Einkerbungen größerer und kleinerer Ausprägung.
- Der Großteil der DNA ist zu einer negativen Spirale verdreht.
- Durch Hitzeeinwirkung kann die DNA kann zu einem einzelnen, zufällig spiralenförmig angeordneten Strang denaturiert (geschmolzen) werden. Die dazu notwendige Schmelztemperatur steigt, aufgrund der dreifachen Hydrogenbindungen mit dem Guanin- bzw. Cytosin-Gehalt.
- Bei Abkühlung respiralisiert sich die DNA spontan.
- Die DNA befindet sich in einem kondensierten Zustand und ist mit Histonen verpackt, diese Struktur wird als **Chromatin** bezeichnet.
  - Heterochromatin ist kondensiert, es findet keine Transkription damit statt.
  - Euchromatin ist weniger stark kondensiert, es wird transkribiert.
  - Histone sind kleine, positiv geladene Proteine, die nichtkovalent an negativ geladene DNA gebunden sind.
  - Die DNA windet sich zweimal um H2A-, H2B-, H2- und H4-Histone und bildet dadurch ein Nucleosom.
  - H1-Histon verbindet die Nucleosomen zu einer perlenschnurartigen Struktur.
  - Diese 30 nm dicke Faser bindet sich an ein Proteingerüst und bildet dadurch ein Chromosom.
- **B-DNA:**
  - häufigste Form der DNA in lebenden Zellen ist eine rechtsdrehende Spirale mit 10 Basen pro Drehung
- **A-DNA:**
  - wird durch eine Dehydratation von B-DNA gebildet
  - kommt nicht in lebenden Zellen vor
  - besitzt eine rechtsdrehende Helix mit 11 Basen pro Drehung
- **Z-DNA:**
  - enthält abwechselnd Purine und Pyrimidine
  - ist eine linksdrehende Spirale mit 12 Basen pro Drehung

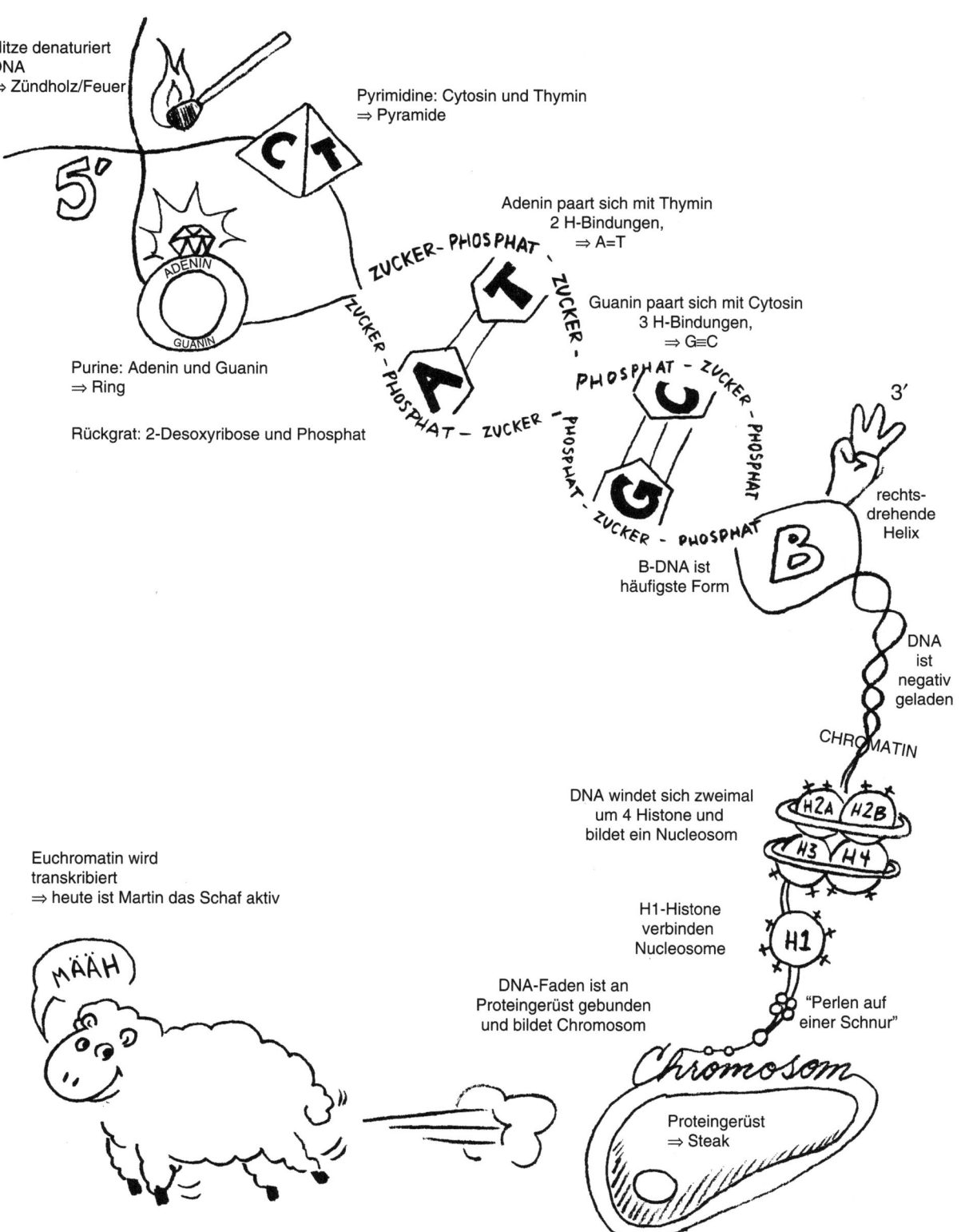

Hitze denaturiert
DNA
⇒ Zündholz/Feuer

Pyrimidine: Cytosin und Thymin
⇒ Pyramide

Adenin paart sich mit Thymin
2 H-Bindungen,
⇒ A=T

Guanin paart sich mit Cytosin
3 H-Bindungen,
⇒ G≡C

Purine: Adenin und Guanin
⇒ Ring

Rückgrat: 2-Desoxyribose und Phosphat

ZUCKER-PHOSPHAT

rechts-
drehende
Helix

B-DNA ist
häufigste Form

DNA
ist
negativ
geladen

CHROMATIN

DNA windet sich zweimal
um 4 Histone und
bildet ein Nucleosom

H2A H2B
H3 H4

Euchromatin wird
transkribiert
⇒ heute ist Martin das Schaf aktiv

H1-Histone
verbinden
Nucleosome

H1

MÄÄH

DNA-Faden ist an
Proteingerüst gebunden
und bildet Chromosom

"Perlen auf
einer Schnur"

Chromosom

Proteingerüst
⇒ Steak

2.3 DNA-Replikation

- Das am besten untersuchte Modell zur DNA-Replikation ist das von E.coli (Escherichia coli).
- Die DNA-Replikation ist semikonservativ, d.h., es entstehen zwei Doppelstränge, die je einen alten (= parentalen) Strang und einen neu synthetisierten Tochterstrang enthalten.
- Der Ursprungsort der Replikation ist der Ort, an dem die Replikation beginnt:
  - Eukaryonte Zellen besitzen mehrere Ursprungsorte.
  - Bakterien und Viren haben nur einen Ursprungsort.
- Die Helicase, ein ATP-abhängiges Enzym, entwindet die DNA-Doppelhelix, um die beiden Stränge voneinander zu trennen.
- Der Ursprungsort für die Replikation wird von der Helicase erkannt, woraufhin die Entwindung der DNA eingeleitet wird und zwei Replikationsgabeln entstehen. Diese Aufgabelungen entstehen dort, wo neue DNA synthetisiert wird. Die Synthese läuft in entgegengesetzter Richtung ab.
- SSB-Proteine (engl. single-stranded DNA-binding Protein = einzelstrangbindendes Protein) binden an die getrennten DNA-Stränge, um eine Aneinanderlagerung der beiden Stränge zu verhindern.
- Die DNA-Gyrase, eine ATP-abhängige Topoisomerase, lockert die positiven Superhelices und bildet stattdessen negative Superhelices aus.
- Die Primase, eine RNA-Polymerase, synthetisiert einen RNA-Primer, der von der DNA-Polymerase III benötigt wird.
- Die DNA-Polymerase III ist das wichtigste Enzym der DNA-Replikation, sie besitzt eine hohe Affinität gegenüber DNA.
- Die DNA-Polymerase I weist eine niedrige Affinität für DNA auf, sie löst sich von der Matrize (Vorlage), nachdem sie einige wenige Nukleotide polymerisiert hat.
- DNA-Polymerasen benötigen eine Matrize aus einsträngiger parentaler DNA.
- DNA-Polymerasen synthetisieren die DNA in 5' → 3'-Richtung.
- DNA-Polymerasen bewegen sich in der in 3' → 5'-Richtung.
- Die beiden Stränge der parentalen DNA verlaufen antiparallel, ein Strang in 5' → 3'-Richtung, der andere in 3' → 5'-Richtung. Da sich die Polymerase III nur in 3' → 5'-Richtung bewegt, kann nur ein neuer Strang kontinuierlich synthetisiert werden, der sog. Führungsstrang.
- Der andere Strang (sog. verzögerte Strang), wird diskontinuierlich synthetisiert.
- Als Okazaki-Fragmente werden DNA-Fragmente bezeichnet, die von der Polymerase III an dem verzögerten Strang synthetisiert werden.
- Die DNA-Polymerase I entfernt den RNA-Primer vom 5'-Ende der Okazaki-Fragmente und füllt die entstandenen Lücken.
- Die DNA-Ligase verbindet das 5'-Ende mit dem 3'-Ende der zwei Okazaki-Fragmente.
- Die neu synthetisierte Tochter-DNA ist komplementär zur parentalen DNA-Matritze.
- Bakterielle DNA-Polymerasen besitzen einen Korrekturlese-Mechanismus, die 3'-Exonukleaseaktivität, die falsch eingebaute Basen korrigiert.

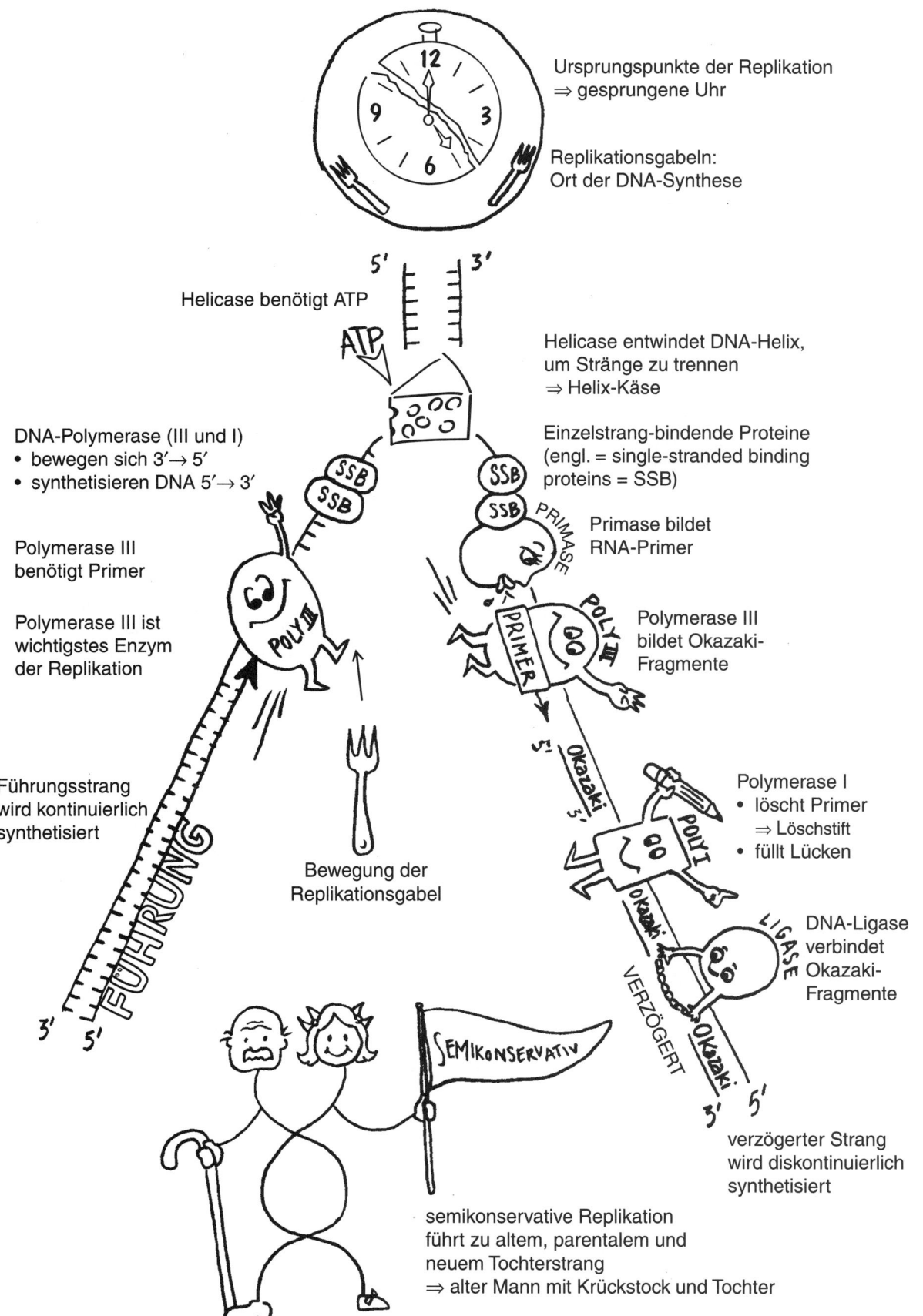

Ursprungspunkte der Replikation
⇒ gesprungene Uhr

Replikationsgabeln:
Ort der DNA-Synthese

Helicase benötigt ATP

Helicase entwindet DNA-Helix,
um Stränge zu trennen
⇒ Helix-Käse

DNA-Polymerase (III und I)
• bewegen sich 3′→ 5′
• synthetisieren DNA 5′→ 3′

Einzelstrang-bindende Proteine
(engl. = single-stranded binding
proteins = SSB)

Primase bildet
RNA-Primer

Polymerase III
benötigt Primer

Polymerase III ist
wichtigstes Enzym
der Replikation

Polymerase III
bildet Okazaki-
Fragmente

Polymerase I
• löscht Primer
  ⇒ Löschstift
• füllt Lücken

Führungsstrang
wird kontinuierlich
synthetisiert

Bewegung der
Replikationsgabel

DNA-Ligase
verbindet
Okazaki-
Fragmente

verzögerter Strang
wird diskontinuierlich
synthetisiert

semikonservative Replikation
führt zu altem, parentalem und
neuem Tochterstrang
⇒ alter Mann mit Krückstock und Tochter

27

2.4 RNA und Transkription

- Die RNA (engl. ribonucleic acid) ist ähnlich der DNA aufgebaut, mit der Ausnahme, dass RNA Ribose statt Desoxyribose und Uracil statt Thymin enthält.
- Sowohl Uracil als auch Thymin können sich mit Adenin paaren.
- RNA ist einsträngig.
- Die m-RNA (messenger-RNA) wird in die Aminosäuresequenz eines Proteins übersetzt, sie ist die seltenste RNA-Form.
- Die r-RNA (ribosomale RNA) ist ein struktureller Bestandteil des Ribosoms und besitzt Peptidyl-Transferase-Aktivität, sie stellt die häufigste RNA-Form dar.
- Die t-RNA (transfer-RNA) bindet Aminosäuren und transportiert diese zur Proteinbiosynthese zu den Ribosomen.
- Die Transkription verwendet zur RNA-Synthese eine DNA-Matrize.
- In Eukaryonten bildet die RNA-Polymerase I r-RNA und die RNA-Polymerase II m-RNA. Die RNA-Polymerase III vermittelt die Bildung von t-RNA.
- In Prokaryonten bildet die Polymerase alle drei Typen von RNA.
- Die bakterielle RNA-Polymerase besitzt α_2-, β-, β'- und σ-Untereinheiten.
- Die RNA-Polymerase bindet an eine Erkennungssequenz des Gens (sog. Promotor). Der Promotor ist der zu transkribierenden Sequenz vorgeschaltet. Vor dem Beginn der Transkription muss die RNA-Polymerase an den Promotor binden.
- Die RNA-Polymerase bindet den Promotor an seiner σ-Untereinheit.

- Der Promotor enthält eine A/T-reiche Sequenz (TATA und CAAT).
- Die RNA-Polymerase benötigt einen DNA-Matrizenstrang.
- Die RNA-Polymerase benötigt keinen Primer.
- Die RNA-Polymerase liest die DNA-Matrize in 3' → 5'-Richtung, die RNA-Synthese findet in 5' → 3'-Richtung statt.
- Nur ein Strang der DNA wird gelesen, der sog. Matrizenstrang. Der andere Strang (sog. kodierender Strang) besitzt die gleiche Basensequenz wie das RNA-Transkriptionsprodukt.
- Die RNA-Polymerase besitzt keinen Korrekturlesemechanismus und keine Exonukleaseaktivität.
- Die Transkription wird beendet, indem ein Palindrom transkribiert wird und sich eine Haarnadelschleife bildet. Palindrom nennt man eine Sequenz, in der die gleichen Basen in beide Richtungen zu lesen sind (GCATTACG).
- Die Haarnadelscheife besitzt typischerweise viele G/C-Basenpaare.
- Die primären m-RNA-Transkriptionsprodukte werden nach der Transkription weiter modifiziert:
  - Exons enthalten kodierende Sequenzen und werden expressioniert.
  - Introns enthalten die nichtkodierenden Sequenzen der DNA und werden herausgeschnitten.
  - In Eukaryonten wird am 5'-Ende der RNA eine Kopfgruppe angeheftet, am 3'-Ende (Poly-A-Ende) findet eine Polyadenylierung statt. Die Introns werden herausgeschnitten, diesen Vorgang nennt man auch Spleißen.
  - Nach ihrer Modifizierung wird die RNA aus dem Zellkern transportiert.

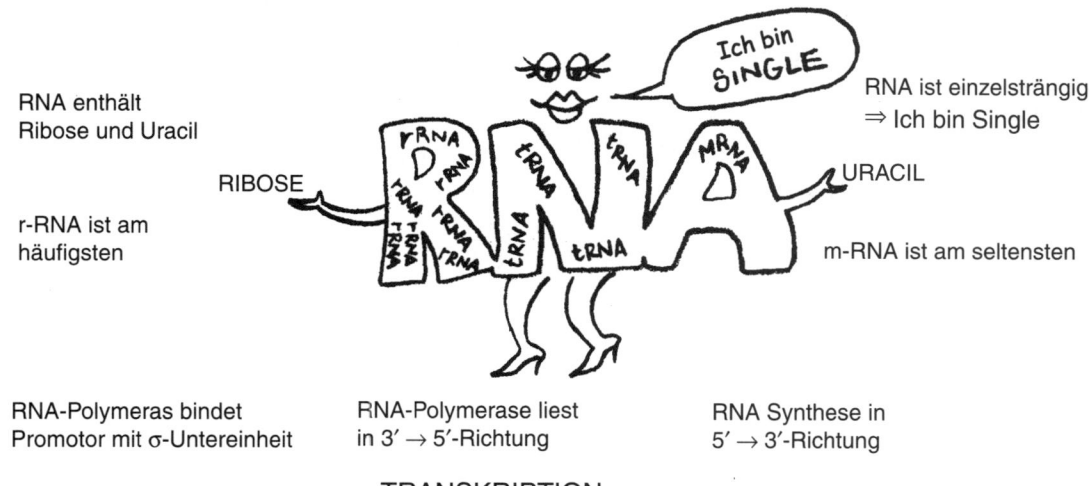

RNA enthält
Ribose und Uracil

RIBOSE

r-RNA ist am
häufigsten

RNA ist einzelsträngig
⇒ Ich bin Single

URACIL

m-RNA ist am seltensten

RNA-Polymeras bindet
Promotor mit σ-Untereinheit

RNA-Polymerase liest
in 3′ → 5′-Richtung

RNA Synthese in
5′ → 3′-Richtung

TRANSKRIPTION

5′ DNA-KODIERUNG-DNA-KODIERUNG-DNA-KODIERUNG-DNA-KODIERUNG-DNA-KODIERUNG **3′**

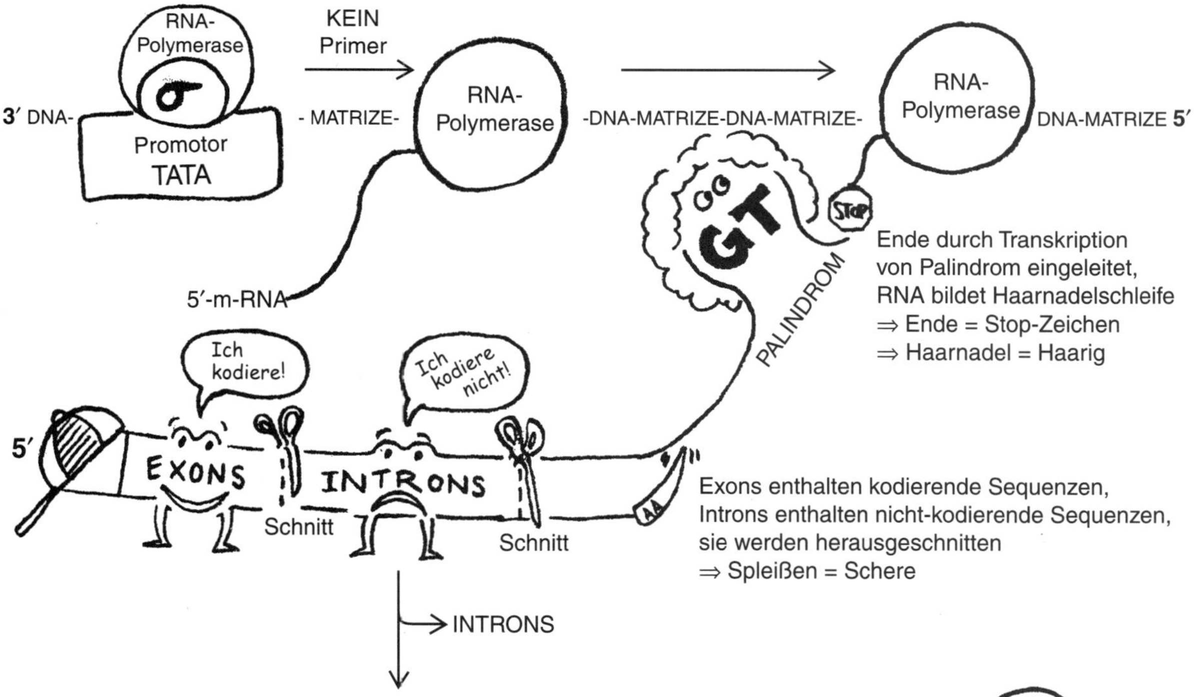

RNA-Polymerase

KEIN Primer

3′ DNA- Promotor TATA

- MATRIZE-

RNA-Polymerase

-DNA-MATRIZE-DNA-MATRIZE-

RNA-Polymerase DNA-MATRIZE **5′**

5′-m-RNA

GT PALINDROM Stop

Ende durch Transkription
von Palindrom eingeleitet,
RNA bildet Haarnadelschleife
⇒ Ende = Stop-Zeichen
⇒ Haarnadel = Haarig

Ich kodiere!

Ich kodiere nicht!

5′ EXONS INTRONS

Schnitt

Schnitt

AA

Exons enthalten kodierende Sequenzen,
Introns enthalten nicht-kodierende Sequenzen,
sie werden herausgeschnitten
⇒ Spleißen = Schere

INTRONS

5′ EXONS EXONS AAAA **3′**

5′-Kopfgruppe

3′-Poly-A-Ende

ZELLKERN

Tschüss

nach Modifizierung
wird RNA aus Zellkern
transportiert

2.5 Genetischer Code

- Der genetische Code kodiert die Basensequenz der m-RNA und die Aminosäuresequenz von Polypeptiden.
- Als Codon bezeichnet man eine Sequenz von drei Basen der m-RNA, die eine Aminosäure kodieren.
- Das Ribosom übersetzt die Codonsequenz in 5' → 3'-Richtung und das Polypeptid wird in Amino → Carboxy-Richtung synthetisiert.
- Der genetische Code enthält 61 kodierende Codons und 3 Stopcodons (UAA, UGA, UAG). AUG stellt sowohl das Startcodon als auch ein kodierendes Codon dar.
- Jedes Codon repräsentiert nur eine Aminosäure.

- Der genetische Code ist:
  - universell. Der Code ist bis auf das Startcodon AUG bei Eukaryonten und Prokaryonten identisch. In Prokaryonten kodiert AUG N-Formylmethionin, in Eukaryonten steht es für Methionin.
  - degeneriert. Das heißt eine Aminosäure kann von mehreren Codons kodiert werden.
  - nicht überlappend. Die Codons ordnen sich ohne Überlappungen und ohne Lücken an.

AUG ist Startcodon
⇒ Start = rennen

UAA, UGA, and UAG
sind Stopcodons
⇒ Stop-Zeichen

61 kodierende Codons

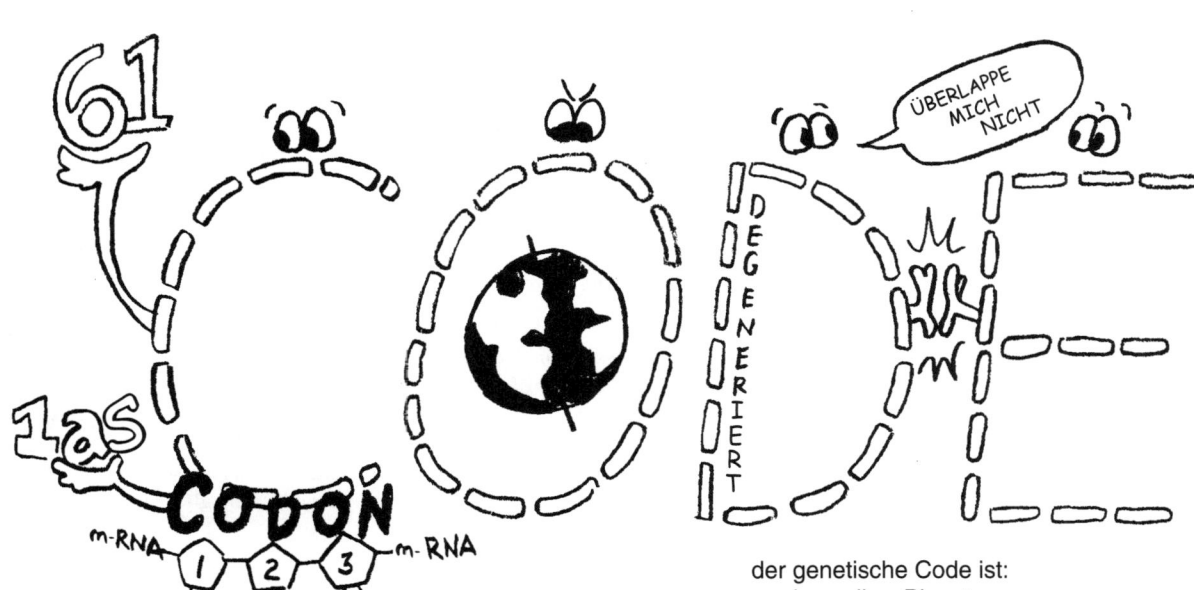

Codon ist 3-Basen-Sequenz der m-RNA
jedes Codon repräsentiert 1 Aminosäure (AS)
⇒ Codon hält 1 AS

der genetische Code ist:
• universell ⇒ Planet
• degeneriert
• nicht-überlappend

2.6 Proteinbiosynthese

- Die t-RNA besitzt eine kleeblattartige Struktur mit drei Schleifen:
  - Das Anticodon enthält drei Basen, die sich mit dem Codon der m-RNA paaren. Das Anticodon ist auf einer Schleife gegenüber dem 3'-Aminoacyl-Ende lokalisiert.
  - Die anderen beiden Schleifen werden als Dihydrouridin-Schleife (UH$_2$) und als Thymin-Pseudouracil-Cytosin-Schleife (TψC) bezeichnet.
  - Das 3'-Ende der t-RNA endet mit CCA, an dieses 3'-Ende bindet kovalent die Aminosäure.
- Die Aminoacyl-t-RNA-Synthetase ist ein ATP-abhängiges Enzym, das die Aminoacyl-t-RNA bildet:
  - Falls an die t-RNA eine inkorrekte Aminosäure gebunden ist, wird diese Bindung durch die Synthetase hydrolysiert.
  - Eine falsch beladene t-RNA liest das veränderte Codon und es wird eine falsche Aminosäure eingebaut.
- Nur die ersten beiden Nucleotid-Positionen des Codons werden zur korrekten Basenpaarung benötigt. Codons, die die gleiche Aminosäure repräsentieren, unterscheiden sich gewöhnlich in der dritten Codon-Position (Wobble-Position).
- Ribosomen besitzen eine kleine und eine große Untereinheit:
  - Eukaryonte Ribosomen stellen ein 80S-Ribosom dar, das in 60S- und 40S-Untereinheiten unterteilt werden kann.
  - Bakterielle Ribosomen werden als 70S-Ribosomen bezeichnet, die aus einer 30S- und einer 50S-Untereinheit aufgebaut sind.
  - Die S-(Svedberg-)Einheit wird durch die Sedimentationsrate bestimmt.

- Die Translation beginnt am Initiationscodon AUG, das sich in der Nähe des 5'-Endes der m-RNA befindet:
  - Die kleine ribosomale Untereinheit verbindet sich mit der m-RNA und der Initiator-RNA, und bildet so den Initiationskomplex.
  - Die Shine-Delgarno-Sequenz ist ungefähr 10 Nukleotide vor dem Initiationscodon lokalisiert und stellt eine purinreiche Sequenz dar.
  - Die Initiationsfaktoren IF$_1$ und IF$_3$ fördern und erhalten die Trennung der Untereinheiten.
  - IF$_2$ enthält GTP und wird zur Bindung der t-RNA an den Initiationskomplex benötigt.
- Der P-Ort ist der Ort auf einem Ribosom, an den die Initiator-t-RNA bindet, er enthält während der Elongationsphase eine Peptidyl-t-RNA.
- Der A-Ort nimmt während der Elongationsphase die ankommende Aminoacyl-t-RNA auf.
- Die m-RNA wird in 5' → 3'-Richtung gelesen und das Polypeptid wächst in Amino → Carboxy-Richtung.
- Die m-RNA wird von vielen Ribosomen gleichzeitig gelesen, aber jedes Ribosom synthetisiert nur ein Polypeptid.
- Die Elongationsphase beginnt damit, dass die Aminoacyl-t-RNA durch den Elongationsfaktor Tu (EF-Tu) am A-Ort platziert wird.
- Die Peptidyl-Transferase katalysiert die Ausbildung von Peptidbindungen.
- Nach der Bildung von Peptidbindungen verbleibt eine freie t-RNA am P-Ort.
- Während der Translokation verlässt die t-RNA den P-Ort und die Peptidyl-t-RNA wechselt vom A-Ort zum P-Ort:
  - Das Ribosom bewegt sich weiterhin über drei Basen mit einer Codon-Anticodon-Paarung entlang der m-RNA.
  - Während der Translokation wird EF-G, ein GTP bindender Elongationsfaktor, benötigt.
- Die Stop-Codons UAA, UGA und UAG binden an die Terminationsfaktoren und nicht an die t-RNA. Die Terminationsfaktoren veranlassen die Peptidyl-Transferase, die Bindung zwischen dem Peptid und der t-RNA zu hydrolisieren.
- Einige Antibiotika hemmen die Proteinsynthese, indem sie an ribosomale Untereinheiten binden. Beispiele dafür sind Tetrazykline, Makrolide und Aminoglykoside.

TRANSLATION

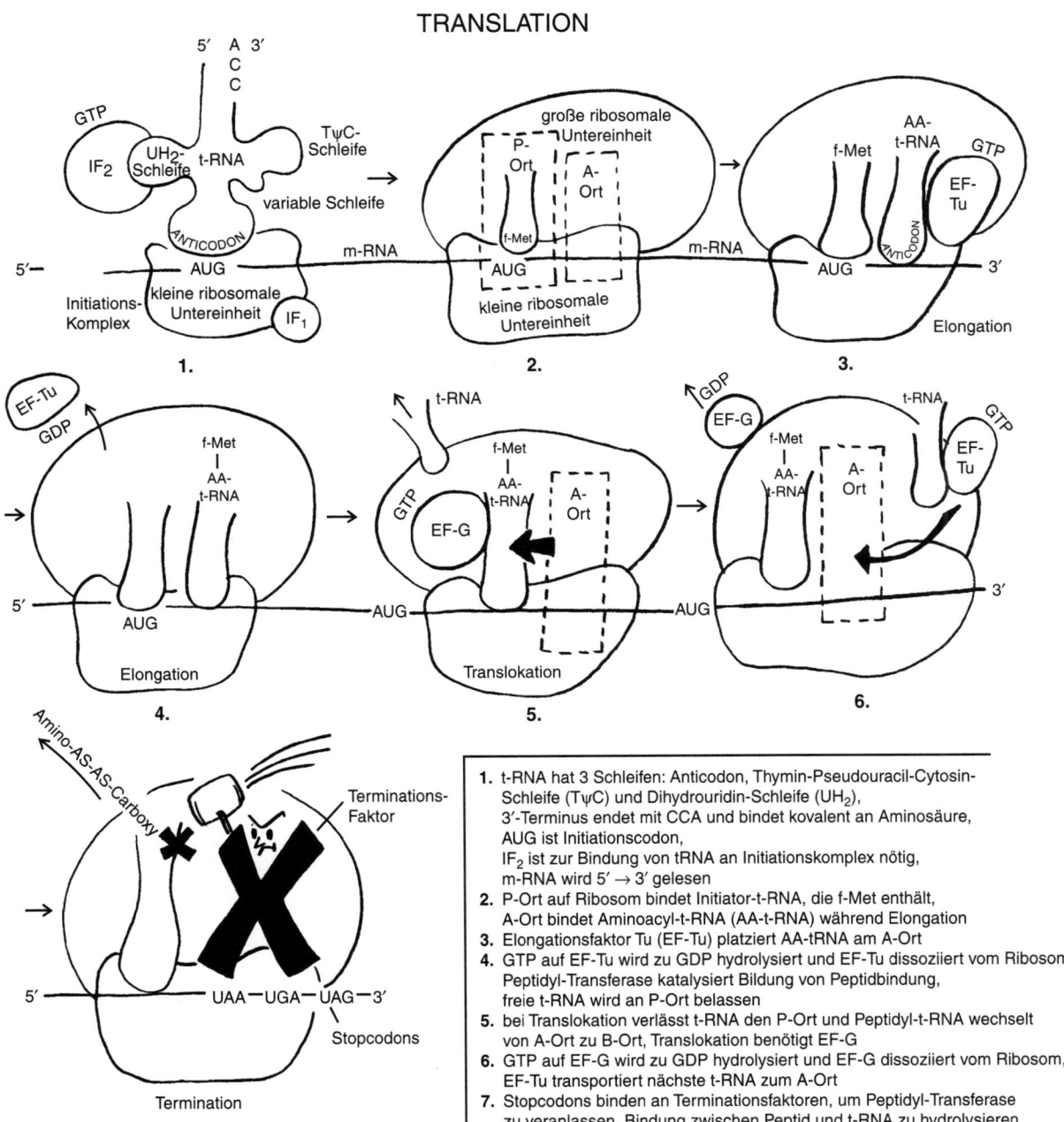

1. t-RNA hat 3 Schleifen: Anticodon, Thymin-Pseudouracil-Cytosin-Schleife (TψC) und Dihydrouridin-Schleife (UH₂), 3'-Terminus endet mit CCA und bindet kovalent an Aminosäure, AUG ist Initiationscodon, IF₂ ist zur Bindung von tRNA an Initiationskomplex nötig, m-RNA wird 5' → 3' gelesen
2. P-Ort auf Ribosom bindet Initiator-t-RNA, die f-Met enthält, A-Ort bindet Aminoacyl-t-RNA (AA-t-RNA) während Elongation
3. Elongationsfaktor Tu (EF-Tu) platziert AA-tRNA am A-Ort
4. GTP auf EF-Tu wird zu GDP hydrolysiert und EF-Tu dissoziiert vom Ribosom, Peptidyl-Transferase katalysiert Bildung von Peptidbindung, freie t-RNA wird an P-Ort belassen
5. bei Translokation verlässt t-RNA den P-Ort und Peptidyl-t-RNA wechselt von A-Ort zu B-Ort, Translokation benötigt EF-G
6. GTP auf EF-G wird zu GDP hydrolysiert und EF-G dissoziiert vom Ribosom, EF-Tu transportiert nächste t-RNA zum A-Ort
7. Stopcodons binden an Terminationsfaktoren, um Peptidyl-Transferase zu veranlassen, Bindung zwischen Peptid und t-RNA zu hydrolysieren

2.7 lac-Operon

- Das *lac*-Operon ist ein Beispiel für die Regulation der Genexpression.
- Ein Operon ist definitionsgemäß aus einem Promotor, einem Operator und Strukturgenen aufgebaut.
- Das klassische Operon-Modell bezieht sich nur auf Prokaryonten.
- Das *lac*-Operon des E. coli ist aus Strukturgenen aufgebaut, die zur Laktoseproduktion transkribiert werden. Laktose wird von E. coli zur Bildung von metabolischer Energie benötigt.
- Die Strukturgene sind drei Protein-codierende Gene:
  - Z-Gen codiert die β-Galaktosidase
  - Y-Gen codiert die Laktose-Permease
  - A-Gen codiert die β-Galaktosid-Transacetylase
- Die Laktose-Permease ist ein Membran-Carrier, der Laktose durch die Zellmembran transportiert.
- Die β-Galaktosidase baut Laktose zu Glucose und Galaktose ab.
- Die β-Galaktosid-Transacetylase acetyliert β-Galaktoside.
- Diese drei Proteine sind induzierbar. Induzierbare Proteine werden nur unter bestimmten Bedingungen gebildet:
  - Wenn Laktose als einziger Kohlenstofflieferant zur Energiebildung vorhanden ist, steigt die Menge der Proteine stark an.
  - Wenn keine Laktose vorhanden ist, reduziert sich die Menge der Proteine.
  - Proteine, die ständig produziert werden, bezeichnet man als konstitutiv.
- Zur Transkription aller drei Strukturgene wird ein einziger Promotor verwendet. Der Promotor ist der Ort, an dem die RNA-Polymerase gebunden wird.

- Der Operator ist die DNA-Sequenz, die den *lac*-Repressor bindet, er befindet sich zwischen dem Promotor und den Strukturgenen.
- Promotor und Operator überlappen sich. Deshalb kann die RNA-Polymerase nicht an den Promotor binden und die Transkription einleiten, wenn der *lac*-Repressor an den Operator gebunden ist (negative Kontrolle).
- Der *lac*-Repressor bindet bei Abwesenheit von Laktose an den Operator.
- 1,6 Allolaktose stellt den Inducer des *lac*-Operons dar:
  - 1,6 Allolaktose wird bei Anwesenheit von Laktose gebildet.
  - Der Induktor bindet den *lac*-Repressor und ändert dessen Konformation.
  - Der Repressor kann nicht länger an den Operator binden, und die Transkription findet statt.
- Als katabolische Repression bezeichnet man die Hemmung der katabolen Operons bei Anwesenheit von Glucose.
  - E. coli zieht Glucose der Laktose vor, wenn beide Stoffe vorhanden sind. Das heißt, dass die Proteinprodukte des *lac*-Operons nur bei Glucosemangel gebildet werden.
  - Die katabole Repression wird von cAMP kontrolliert. In Bakterien ist bei Glucoseüberschuss die cAMP Konzentration niedrig und bei Glucosemangel hoch.
  - Das cAMP bindet das CAP (Katabolit-Aktivator-Protein), dieser CAP-cAMP-Komplex bindet den Promotor und veranlasst die RNA-Polymerase an den Promotor zu binden (positive Kontrolle).

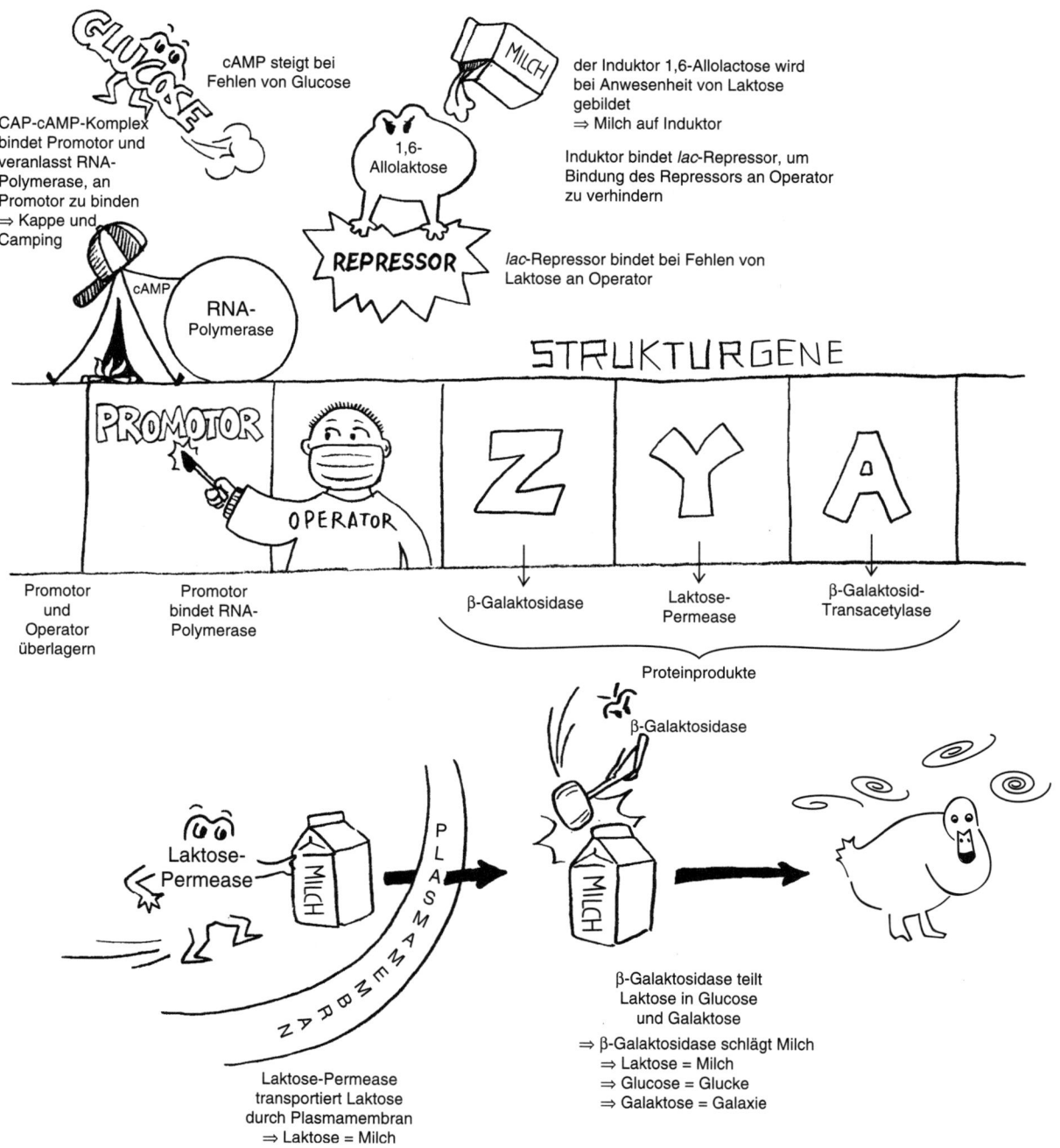

cAMP steigt bei
Fehlen von Glucose

der Induktor 1,6-Allolactose wird
bei Anwesenheit von Laktose
gebildet
⇒ Milch auf Induktor

CAP-cAMP-Komplex
bindet Promotor und
veranlasst RNA-
Polymerase, an
Promotor zu binden
⇒ Kappe und
Camping

1,6-
Allolaktose

Induktor bindet lac-Repressor, um
Bindung des Repressors an Operator
zu verhindern

REPRESSOR

lac-Repressor bindet bei Fehlen von
Laktose an Operator

cAMP

RNA-
Polymerase

STRUKTURGENE

PROMOTOR

OPERATOR

Z   Y   A

Promotor
und
Operator
überlagern

Promotor
bindet RNA-
Polymerase

β-Galaktosidase

Laktose-
Permease

β-Galaktosid-
Transacetylase

Proteinprodukte

β-Galaktosidase

Laktose-
Permease

MILCH

PLASMAMEMBRAN

MILCH

β-Galaktosidase teilt
Laktose in Glucose
und Galaktose

⇒ β-Galaktosidase schlägt Milch
⇒ Laktose = Milch
⇒ Glucose = Glucke
⇒ Galaktose = Galaxie

Laktose-Permease
transportiert Laktose
durch Plasmamembran
⇒ Laktose = Milch

2.8 DNA-Mutationen

DNA-Mutationen → Mutant mit DNA-förmigen Haaren

- Unter einer Punktmutation versteht man den Ersatz eines einzelnen Basenpaares innerhalb einer DNA-Sequenz:
  - Transition: Purin wird durch ein Purin oder Pyrimidin durch ein Pyrimidin ersetzt.
  - Purin → purer Ring
  - Pyrimidin → Pyramide
  - Transversion: Purin wird durch ein Pyrimidin oder Pyrimidin durch ein Purin ersetzt.
- Man unterscheidet drei Arten von Punktmutationen:
  - Stumme Mutation: das veränderte Basenpaar verursacht keine Änderung der übersetzten Aminosäure.
  - Missense-Mutation: bewirkt die Translation einer anderen Aminosäure, sie ist die häufigste Art von Punktmutationen. Das so entstandene Polypeptid kann normal funktionieren, es kann aber auch teilweise oder vollständig seine biologische Funktion verlieren.
    → Miss Sense
  - Nonsense-Mutation: ersetzte Base bildet ein Stopcodon, daraus resultiert normalerweise ein Verlust der biologischen Aktivität des Polypeptids.
    → Stop-Zeichen

- Leserasterverschiebung: Verschiebung (Deletion oder Insertion) von einer oder zwei Basen, führt zu einem Lesefehler in allen nachfolgenden Basen
  Leserasterverschiebung → Rasta-Mann liest
  Lesefehler → zerbrochene Brille

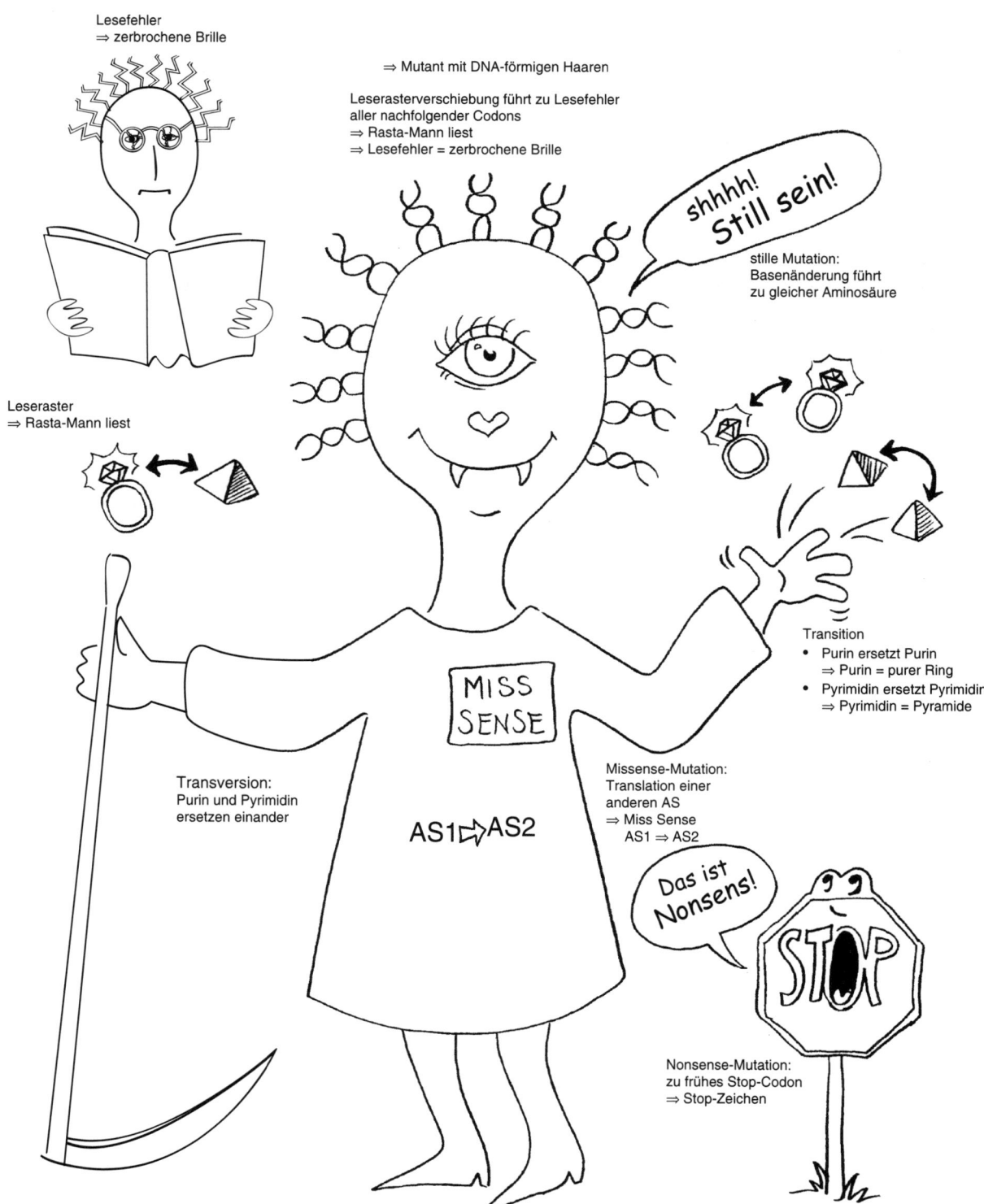

2.9 Molekulare Biotechnologie

2.9.1 Polymerase-Kettenreaktion (PCR)

Mit Hilfe der PCR erhält man viele Kopien eines DNA-Fragments:

- Das Fragment wird erhitzt und die DNA wird zu zwei Einzelsträngen denaturiert.
- Die Primer paaren sich mit der spezifischen DNA-Sequenz jedes Stranges.
- Die DNA wird abwechselnd zur Denaturierung auf $90\,°C$ erhitzt und anschließend auf $60\,°C$ abgekühlt.
- Die DNA-Polymerase repliziert die Sequenz, die auf jeden Primer folgt.
- Die am häufigsten verwendete DNA-Polymerase, die sog. Taq-Polymerase überlebt das wiederholte Erhitzen.
- Diese Schritte werden viele Male zur Vermehrung der DNA-Sequenzen wiederholt.
- Viele der häufigsten genetischen Erkrankungen sind durch die PCR zu diagnostizieren.

2.9.2 Techniken

- **Southern-Blot:**
  - DNA-DNA-Hybridisierung
  - Mit einer DNA-Probe wird eine Gel-Elektrophorese durchgeführt, die Probe wird dann auf einen Filter übertragen, chemisch denaturiert und einer bekannten DNA-Sonde ausgesetzt, die komplementäre Stränge erkennt und bindet. Es entsteht ein bekanntes Stück doppelsträngiger DNA.
    Southern → Sonne
- **Northern-Blot:**
  - DNA-RNA-Hybridisierung
  - Die Technik ist ähnlich wie beim Southern-Blot, eine radioaktiv markierte RNA-Sonde bindet eine RNA-Probe.
    Northern → Schnee
- **Western-Blot:**
  - Antikörper-Protein-Hybridisierung
  - Ein durch Gel-Elektrophorese getrenntes Protein wird auf einem Filter platziert, auf dem das Protein an einen bekannten Antikörper bindet.
    Western → Cowboy
    Protein → Steak
    Antikörper → AK
- **Southwestern-Blot:**
  - Wechselwirkung zwischen DNA und Proteinen
  - Gel-Elektrophorese einer Proteinprobe, diese wird anschließend auf einem Filter platziert und einer bekannten DNA-Sequenz ausgesetzt.
    Southwestern → Kaktus
    Protein → Steak
    DNA → Doppelstrang

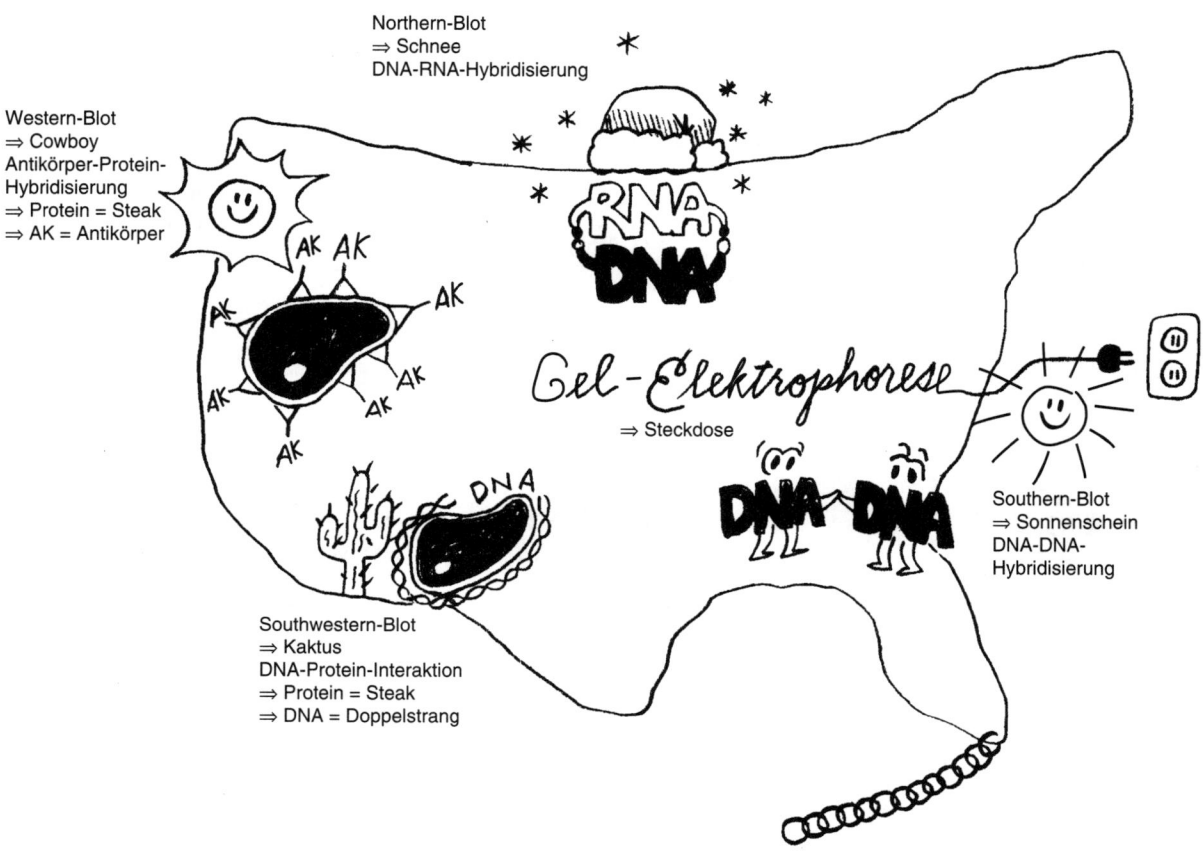

Northern-Blot
⇒ Schnee
DNA-RNA-Hybridisierung

Western-Blot
⇒ Cowboy
Antikörper-Protein-
Hybridisierung
⇒ Protein = Steak
⇒ AK = Antikörper

Gel-Elektrophorese
⇒ Steckdose

Southern-Blot
⇒ Sonnenschein
DNA-DNA-
Hybridisierung

Southwestern-Blot
⇒ Kaktus
DNA-Protein-Interaktion
⇒ Protein = Steak
⇒ DNA = Doppelstrang

Polymerase-Kettenreaktion

DNA

Hitze denaturiert DNA
in zwei Einzelstränge
⇒ Hitze = Feuer

PRIMER

Primer paaren sich
mit einzelsträngiger
DNA

DNA-
Polymerase

DNA-Polymerase
repliziert
DNA Sequenz

DNA-
Polymerase

Schritte werden
während DNA-
Synthese häufig
wiederholt

2.10 Eigenschaften des Erbgangs

autosomal-dominant
⇒ dominantes Auto

- Defekt von Strukturgenen
- Frauen und Männer betroffen
- Manifestation häufig nach Pubertät

autosomal-rezessiv

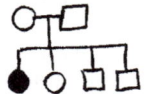

- Wenn beide Eltern Träger, sind 25 % der Nachkommen betroffen
  ⇒ Mutter und Vater tragen 25 %
- vor allem bei Enzymmangel-Erkrankungen
- Manifestation häufig in Kindheit
- Beispiele: Phenylketonurie (PKU), zystische Fibrose, Sichelzellanämie

x-chromosomal-rezessiv
⇒ Sohn x

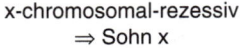
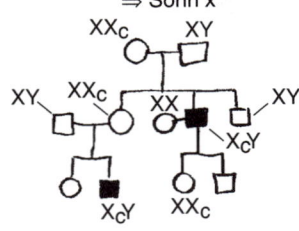

Beispiel: Muskeldystrophie Duchenne

- bei heterozygoten Müttern sind Söhne zu 50 % betroffen
- keine Vererbung von Vater an Sohn
  ⇒ Sohn stoppt Mann-Zeichen
- nur auf x-Chromosom vererbt nicht auf y
- Männer erkranken schwerwiegender
- bei heterozygoten Frauen durch Mutter oder Vater vererbt

mitochondrial
⇒ mütterlich

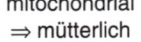
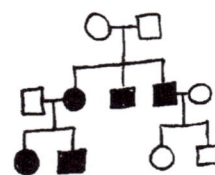

*engl. toe=Zehe

- nur durch Mutter vererbt
- keine Vererbung durch Vater
- alle Nachkommen betroffener Mütter erkranken

2.11 DNA-Reparaturdefekte

⇒ DNA wird mit Klebstoff, Schraubenschlüssel und Hammer repariert

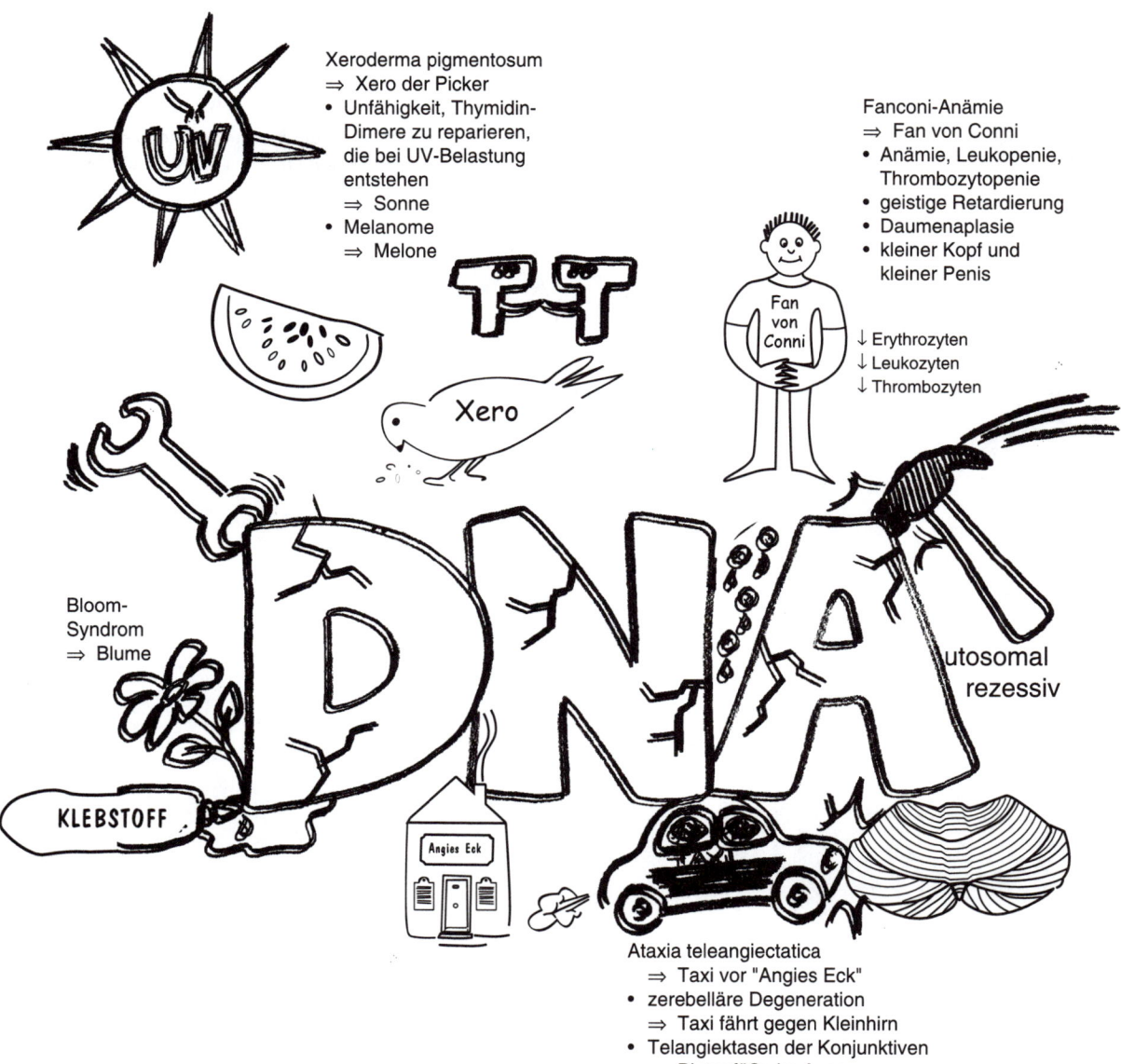

Xeroderma pigmentosum
⇒ Xero der Picker
- Unfähigkeit, Thymidin-Dimere zu reparieren, die bei UV-Belastung entstehen
  ⇒ Sonne
- Melanome
  ⇒ Melone

Fanconi-Anämie
⇒ Fan von Conni
- Anämie, Leukopenie, Thrombozytopenie
- geistige Retardierung
- Daumenaplasie
- kleiner Kopf und kleiner Penis

↓ Erythrozyten
↓ Leukozyten
↓ Thrombozyten

Bloom-Syndrom
⇒ Blume

autosomal rezessiv

KLEBSTOFF

Ataxia teleangiectatica
  ⇒ Taxi vor "Angies Eck"
- zerebelläre Degeneration
  ⇒ Taxi fährt gegen Kleinhirn
- Telangiektasen der Konjunktiven
  ⇒ Blutgefäße im Auge

41

2.12 Glykogen-Speicherkrankheiten

Glykogen-Speicherkrankheiten → Die Speicher-Truhe ist mit
Glykogen gefüllt.

Erkrankung	Enzymdefekt	Gewebe	Glykogen in betroffener Zelle	Klinische Manifestation
von Gierke-Krankheit (Typ I) → gierige Leber	Glucose-6-Phosphatase (Gluconeogenese)	Leber, Niere	erhöhte Menge, normale Struktur	Hepatosplenomegalie, Hypoglykämie, Hyperuricämie, Hyperlipidämie
Pompe-Krankheit (Typ II) → Pompei	α-1,4-Glucosidase	Lysosomen, alle Organe	erhöhte Menge, normale Struktur	Herz- und Nieren-Versagen früher Tod (vor 2. Lebensjahr)
Cori-Krankheit (Typ III) → Chor	α-1,6-Glucosidase (Abbauenzym)	Leber, (Nieren nicht betroffen)	abnormale Struktur, kurze Außenketten, vermehrt verzweigte Ketten, verwendet Endketten als Zucker	Hepatosplenomegalie (Nieren nicht betroffen)
McArdle-Krankheit (Typ V) → Muskelmann McArdle	Phosphorylase	Muskel	moderater Anstieg, normale Struktur	Muskelkrämpfe bei Anstrengung

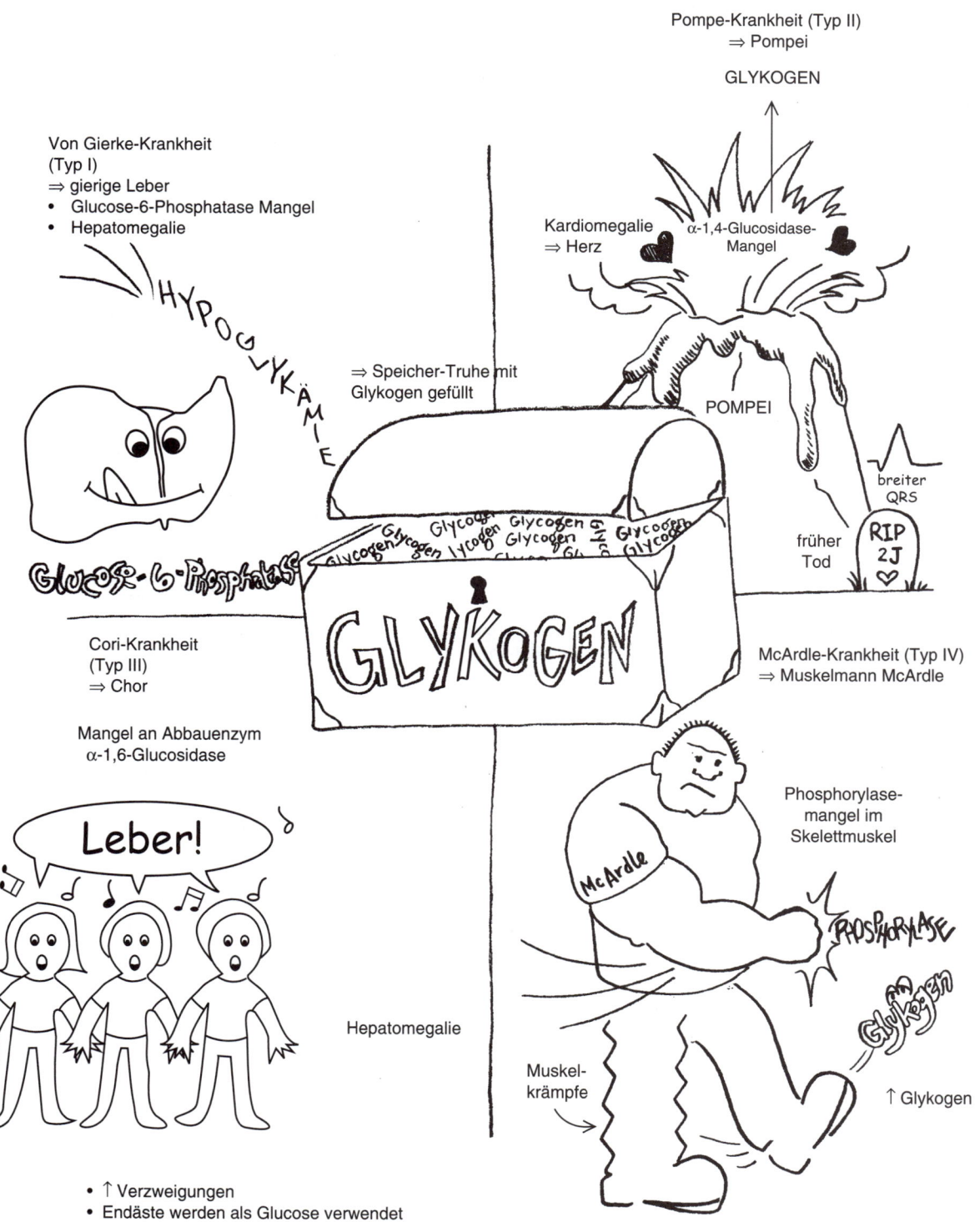

Pompe-Krankheit (Typ II)
⇒ Pompei

GLYKOGEN

Von Gierke-Krankheit
(Typ I)
⇒ gierige Leber
• Glucose-6-Phosphatase Mangel
• Hepatomegalie

Kardiomegalie
⇒ Herz

α-1,4-Glucosidase-
Mangel

⇒ Speicher-Truhe mit
Glykogen gefüllt

POMPEI

breiter
QRS

HYPOGLYKÄMIE

früher
Tod

RIP
2J

Glucose-6-Phosphatase

GLYKOGEN

Cori-Krankheit
(Typ III)
⇒ Chor

McArdle-Krankheit (Typ IV)
⇒ Muskelmann McArdle

Mangel an Abbauenzym
α-1,6-Glucosidase

Phosphorylase-
mangel im
Skelettmuskel

Leber!

McArdle

PHOSPHORYLASE

Hepatomegalie

Glycogen

Muskel-
krämpfe

↑ Glykogen

• ↑ Verzweigungen
• Endäste werden als Glucose verwendet

2.13 Lysosomale Speicherkrankheiten

Lysosomen → Lisas Omen

Erkrankung	Enzymdefekt	Resultierende Anhäufung	Vererbung	Klinische Symptome
Hurler-Syndrom (Mucopoly-saccharidose [MPS] Typ I H) → Horst hat keine Ahnung	α-L-Iduronidase	unabgebaute Glykosamino-glycane (GAGs), Dermatansulfat, Heparansulfat	autosomal-rezessiv	korneale Trübung, mentale Retardierung
Hunter-Syndrom (Mucopoly-saccharidose [MPS] Typ II) → Hunde	Iduronat-Sulfatase	unabgebaute Glykosamino-glycane (GAGs), Dermatansulfat, Heparansulfat	x-chromosomal-rezessiv	milder Verlauf des Hurler-Syndroms, keine korneale Trübung, leichte mentale Retardierung
Tay-Sachs-Krankheit → ein Sachse in Thailand	Hexosaminidase A	GM_2-Gangliosid	autosomal-rezessiv	vermehrt Glyolipide im Gehirn, kirschrote Makula, Tod im 3. Lebensjahr, 1 von 30 Juden euro-päischer Abstammung ist Träger
Krabbe-Syndrom → Krabbe	Galaktosylceramid-β-Galaktosidase	Galaktocerebro-sid im Gehirn	autosomal-rezessiv	Demyelinisierung, Globoidzellen, Optikusatrophie, Spastizität, früher Tod
Gaucher-Krankheit → Couch	ß-Glucosecerebro-sidase	Galaktocerebrosid im Gehirn, Leber, Milz, Knochenmark	autosomal-rezessiv	Gaucher-Zellen mit zerknittertem Zytoplasma
Niemann-Pick-Krankheit → niemand pickt	Sphingomyelinase	Sphingomyelin, Cholesterin	autosomal-rezessiv	kirschrote Makula, Schaumzellen, Hepatomegalie, Tod mit 3 Jahren
Fabry-Erkrankung → Fabel	α-Galaktosidase A	Ceramid-Trihexosid	x-chromosomal-rezessiv	Nierenversagen, Hautausschlag, Sphingolipide
Metachromatische Leukodytrophie	Arylsulfatase A	Sulfatid in Gehirn, Niere, Leber, peripheren Nerven	autosomal-rezessiv	Demyelinisierung, resultierende Gliose

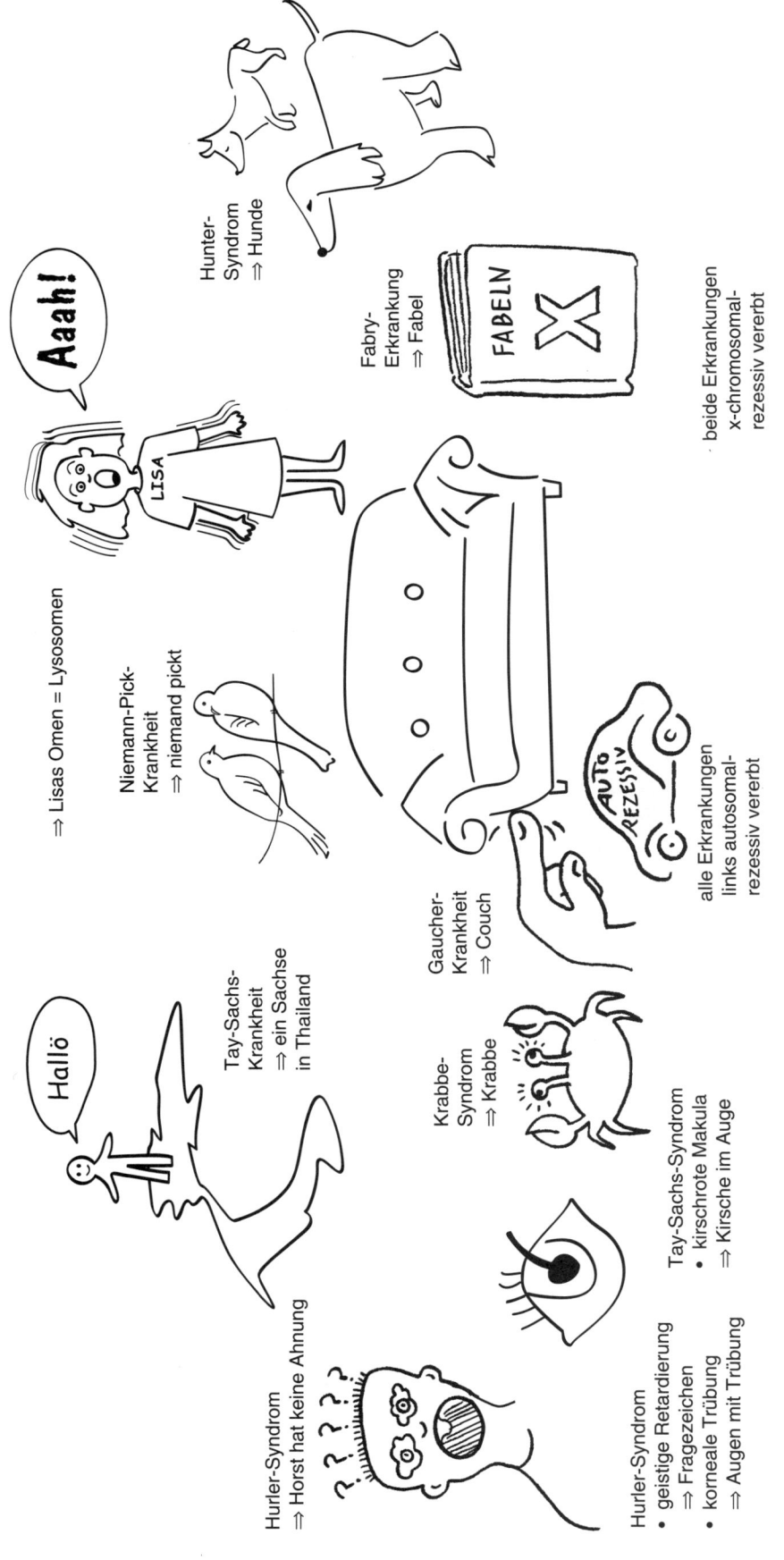

Hunter-
Syndrom
⇒ Hunde

Fabry-
Erkrankung
⇒ Fabel

FABELN
X

· beide Erkrankungen
x-chromosomal-
rezessiv vererbt

Aaah!

LISA

⇒ Lisas Omen = Lysosomen

Niemann-Pick-
Krankheit
⇒ niemand pickt

AUTO
REZESSIV

Gaucher-
Krankheit
⇒ Couch

alle Erkrankungen
links autosomal-
rezessiv vererbt

Hallö

Tay-Sachs-
Krankheit
⇒ ein Sachse
in Thailand

Krabbe-
Syndrom
⇒ Krabbe

Tay-Sachs-Syndrom
· kirschrote Makula
⇒ Kirsche im Auge

Hurler-Syndrom
⇒ Horst hat keine Ahnung

Hurler-Syndrom
· geistige Retardierung
⇒ Fragezeichen
· korneale Trübung
⇒ Augen mit Trübung

2.14 Pyruvatdehydrogenase-Mangel

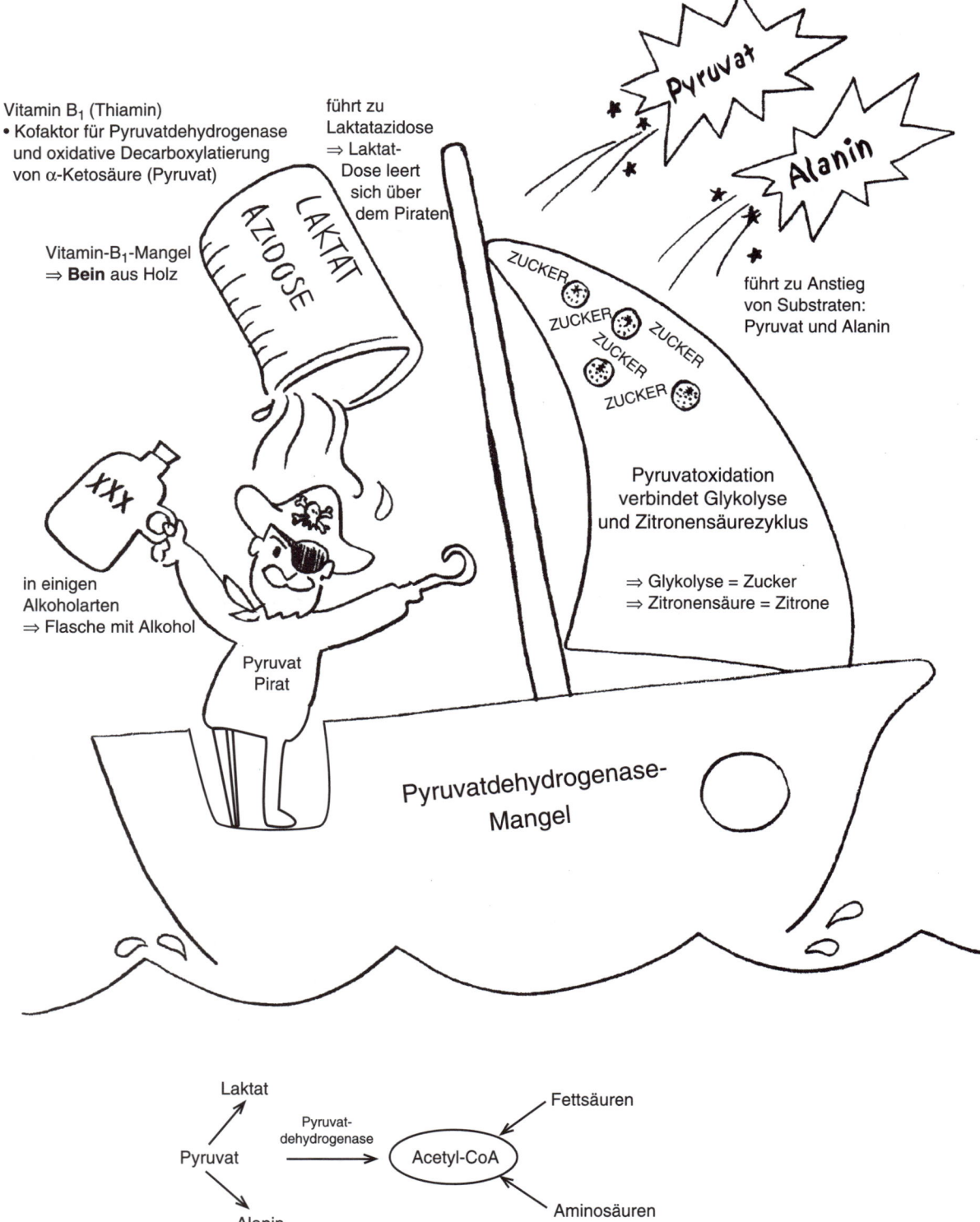

Vitamin B$_1$ (Thiamin)
• Kofaktor für Pyruvatdehydrogenase und oxidative Decarboxylatierung von α-Ketosäure (Pyruvat)

Vitamin-B$_1$-Mangel ⇒ **Bein** aus Holz

in einigen Alkoholarten ⇒ Flasche mit Alkohol

führt zu Laktatazidose ⇒ Laktat-Dose leert sich über dem Piraten

führt zu Anstieg von Substraten: Pyruvat und Alanin

Pyruvatoxidation verbindet Glykolyse und Zitronensäurezyklus

⇒ Glykolyse = Zucker
⇒ Zitronensäure = Zitrone

Pyruvat Pirat

Pyruvatdehydrogenase-Mangel

Laktat

Pyruvat → Pyruvat-dehydrogenase → Acetyl-CoA ← Fettsäuren

Alanin

Aminosäuren

2.15 Glucose-6-Phosphat-Dehydrogenase-Mangel

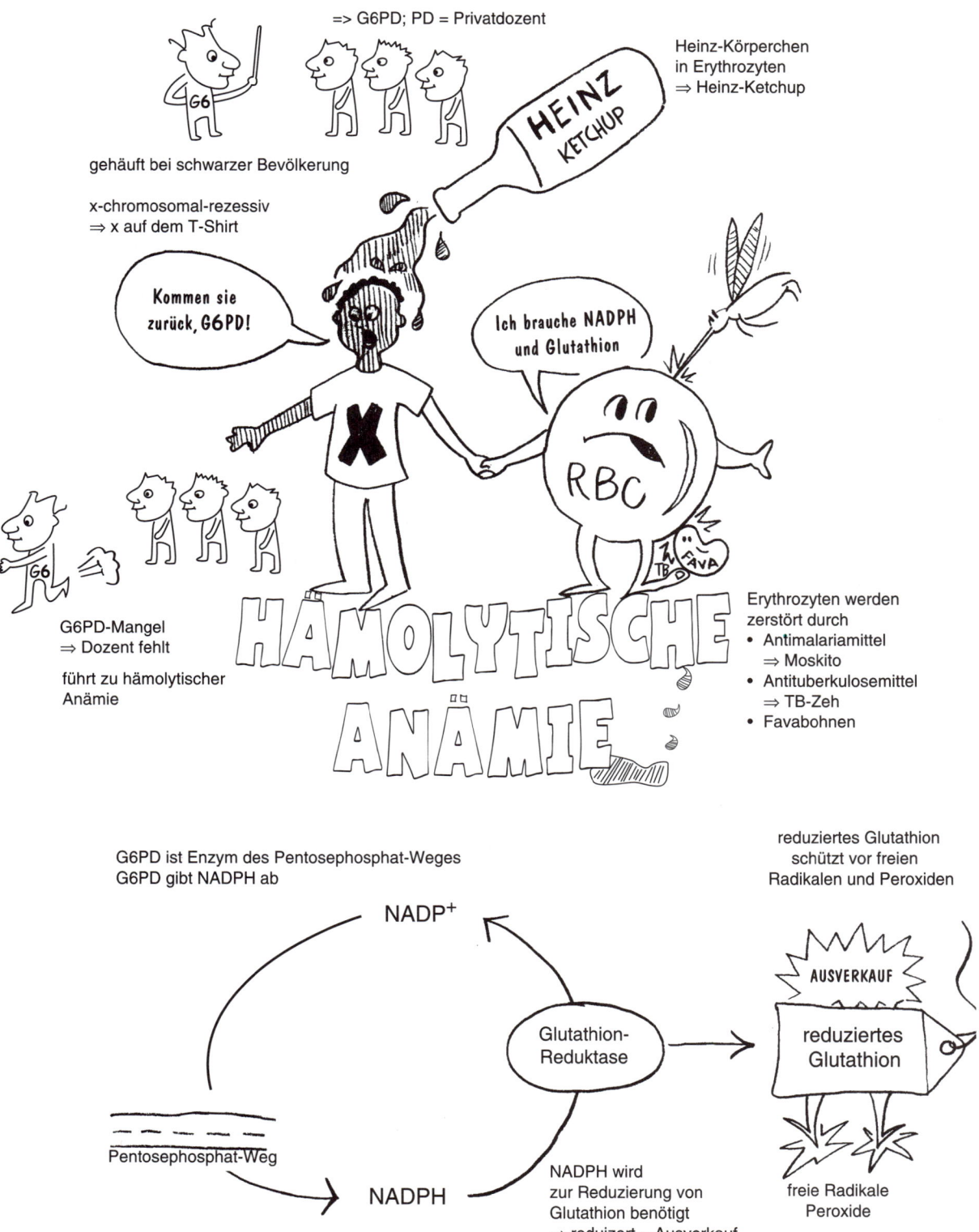

=> G6PD; PD = Privatdozent

Heinz-Körperchen
in Erythrozyten
⇒ Heinz-Ketchup

gehäuft bei schwarzer Bevölkerung

x-chromosomal-rezessiv
⇒ x auf dem T-Shirt

Kommen sie zurück, G6PD!

Ich brauche NADPH und Glutathion

G6PD-Mangel
⇒ Dozent fehlt

führt zu hämolytischer Anämie

Erythrozyten werden zerstört durch
- Antimalariamittel
  ⇒ Moskito
- Antituberkulosemittel
  ⇒ TB-Zeh
- Favabohnen

G6PD ist Enzym des Pentosephosphat-Weges
G6PD gibt NADPH ab

reduziertes Glutathion schützt vor freien Radikalen und Peroxiden

$NADP^+$

Glutathion-Reduktase

AUSVERKAUF

reduziertes Glutathion

Pentosephosphat-Weg

NADPH

NADPH wird zur Reduzierung von Glutathion benötigt
⇒ reduziert = Ausverkauf

freie Radikale Peroxide

2.16 Phenylketonurie

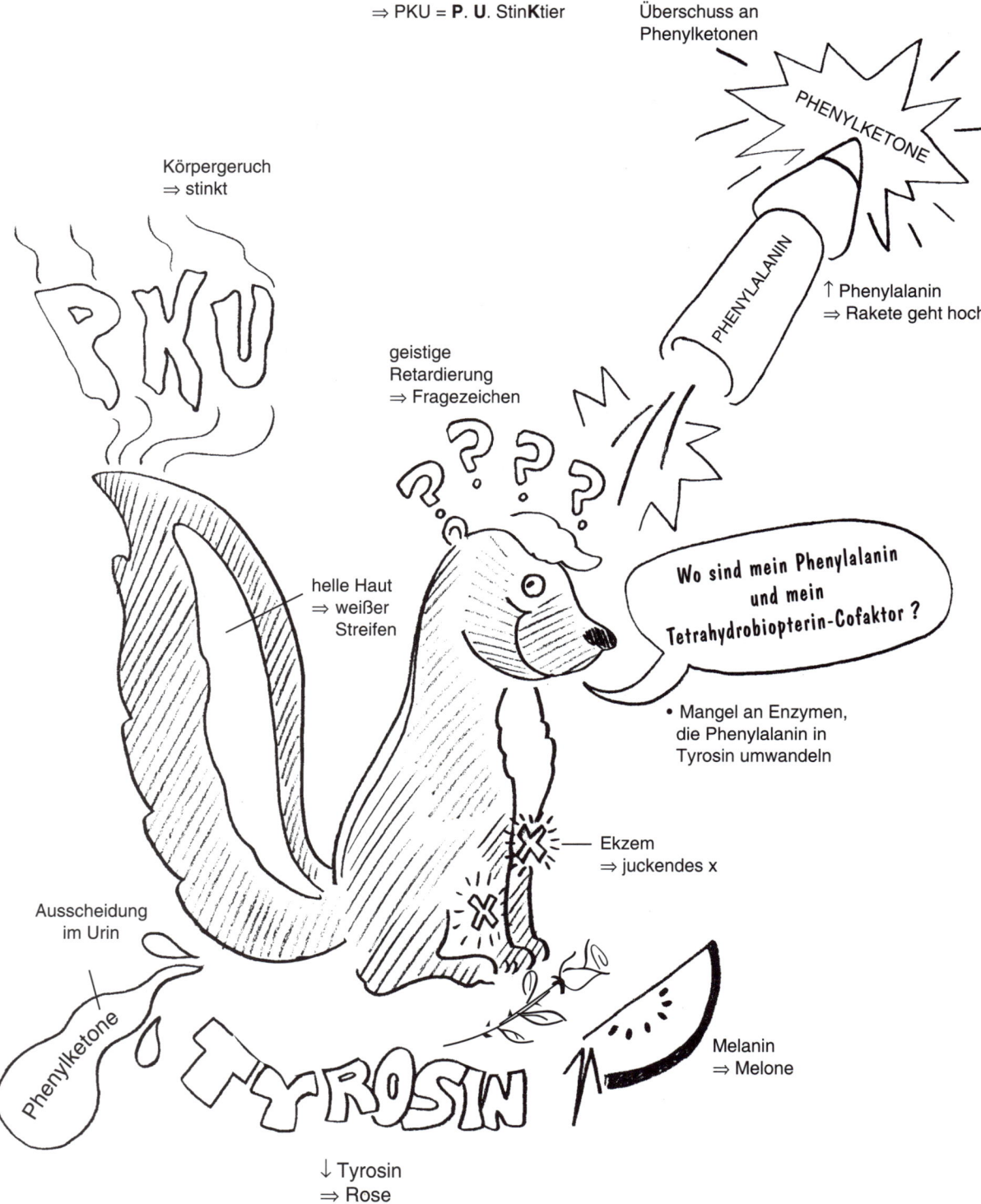

⇒ PKU = **P. U**. Stin**K**tier

Überschuss an
Phenylketonen

PHENYLKETONE

PHENYLALANIN

↑ Phenylalanin
⇒ Rakete geht hoch

Körpergeruch
⇒ stinkt

geistige
Retardierung
⇒ Fragezeichen

helle Haut
⇒ weißer
Streifen

Wo sind mein Phenylalanin
und mein
Tetrahydrobiopterin-Cofaktor?

• Mangel an Enzymen,
die Phenylalanin in
Tyrosin umwandeln

Ekzem
⇒ juckendes x

Ausscheidung
im Urin

Phenylketone

TYROSIN

Melanin
⇒ Melone

↓ Tyrosin
⇒ Rose

Behandlung
• tyrosinarme Diät
• phenylalaninreiche Diät

2.17 Lesch-Nyhan-Syndrom

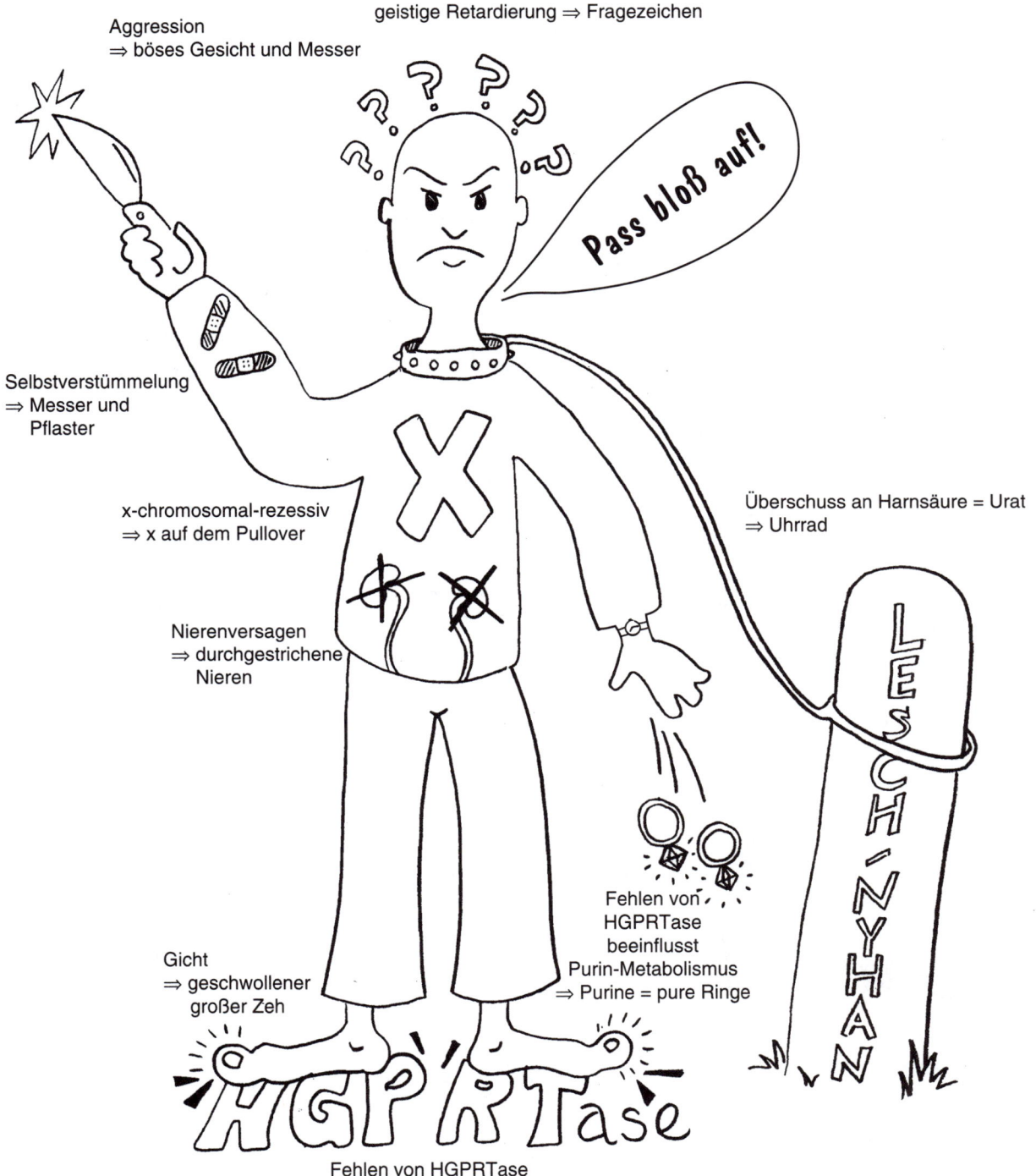

2.18 Zystische Fibrose (Mukoviszidose)

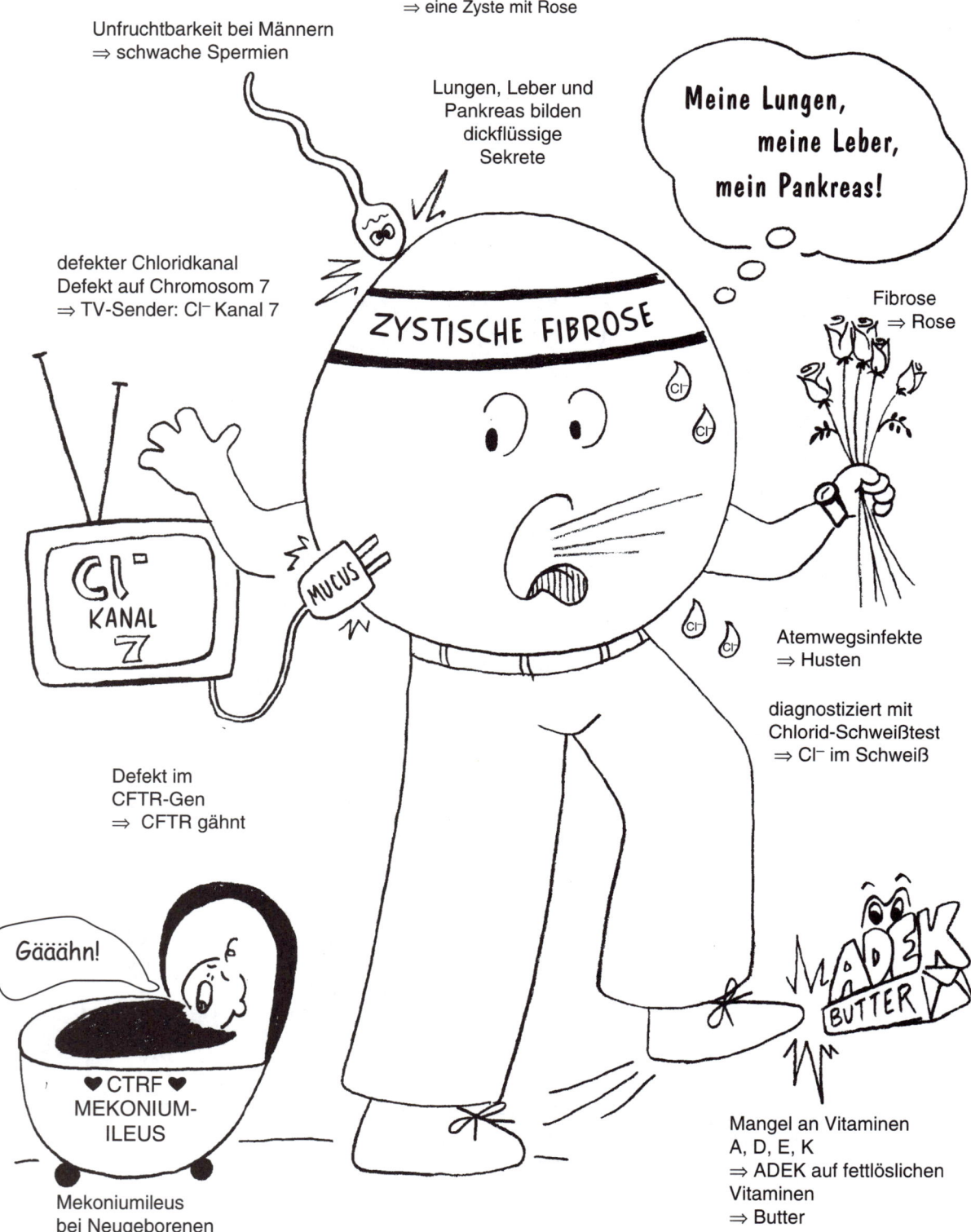

⇒ eine Zyste mit Rose

Unfruchtbarkeit bei Männern
⇒ schwache Spermien

Lungen, Leber und
Pankreas bilden
dickflüssige
Sekrete

**Meine Lungen,
meine Leber,
mein Pankreas!**

defekter Chloridkanal
Defekt auf Chromosom 7
⇒ TV-Sender: Cl⁻ Kanal 7

Fibrose
⇒ Rose

ZYSTISCHE FIBROSE

Atemwegsinfekte
⇒ Husten

diagnostiziert mit
Chlorid-Schweißtest
⇒ Cl⁻ im Schweiß

Defekt im
CFTR-Gen
⇒ CFTR gähnt

Gäääähn!

♥ CTRF ♥
MEKONIUM-
ILEUS

Mekoniumileus
bei Neugeborenen

Mangel an Vitaminen
A, D, E, K
⇒ ADEK auf fettlöslichen
Vitaminen
⇒ Butter

2.19 Fragiles-X-Syndrom (Martin-Bell-Syndrom)

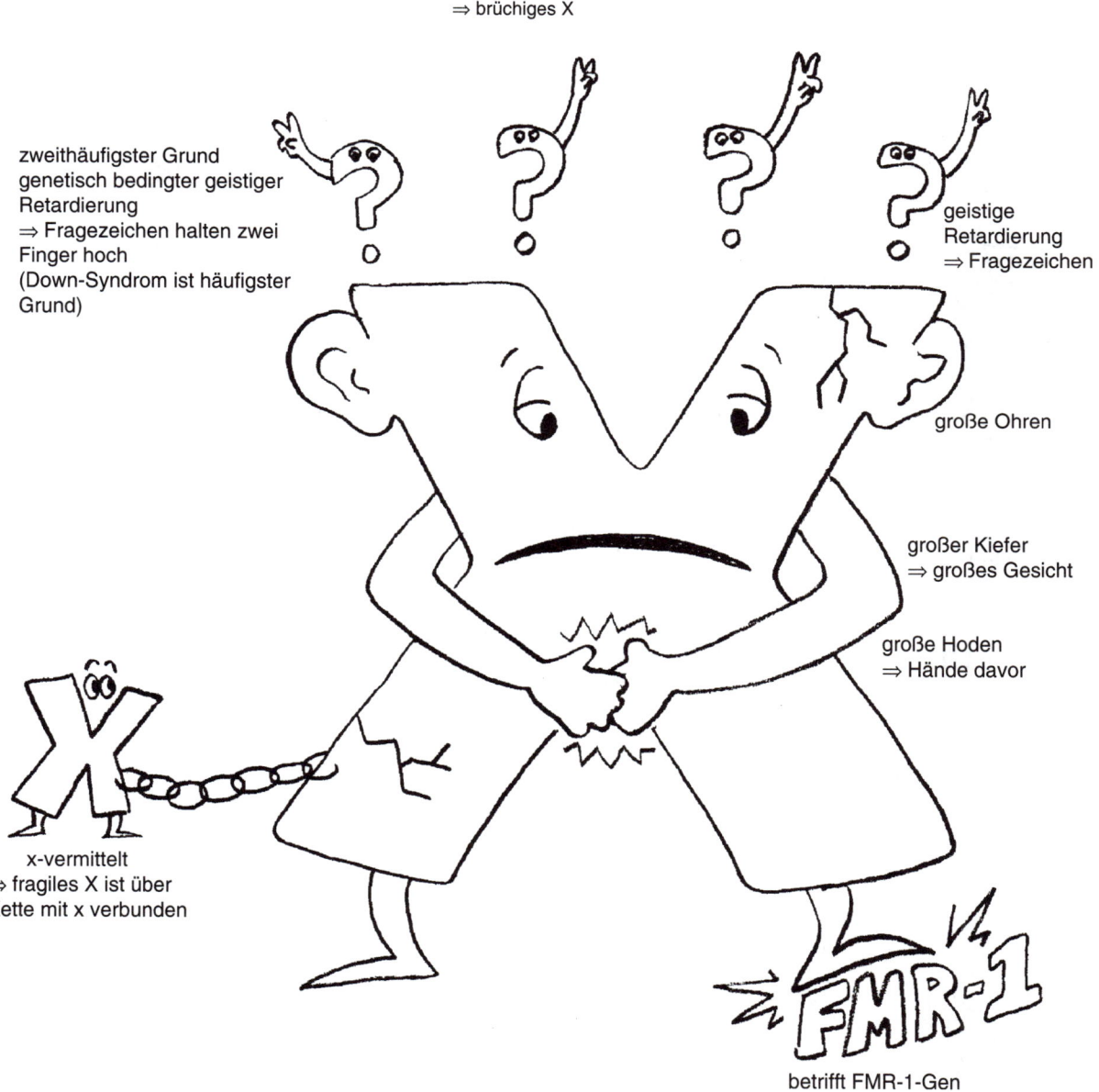

⇒ brüchiges X

zweithäufigster Grund genetisch bedingter geistiger Retardierung
⇒ Fragezeichen halten zwei Finger hoch
(Down-Syndrom ist häufigster Grund)

geistige Retardierung
⇒ Fragezeichen

große Ohren

großer Kiefer
⇒ großes Gesicht

große Hoden
⇒ Hände davor

x-vermittelt
⇒ fragiles X ist über Kette mit x verbunden

FMR-1

betrifft FMR-1-Gen

2.20 Kollagensynthesedefekte

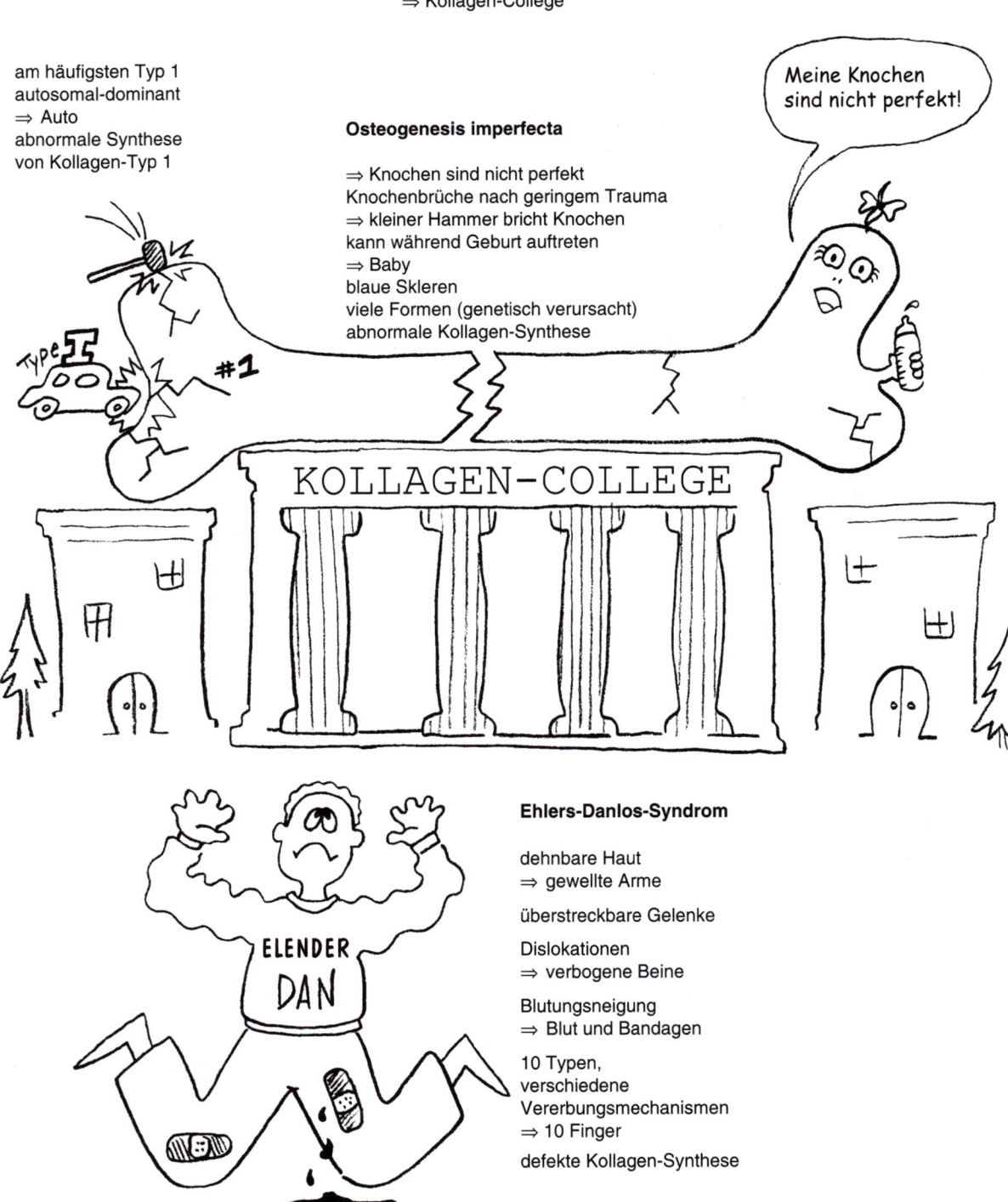

⇒ Kollagen-College

am häufigsten Typ 1
autosomal-dominant
⇒ Auto
abnormale Synthese
von Kollagen-Typ 1

Osteogenesis imperfecta

⇒ Knochen sind nicht perfekt
Knochenbrüche nach geringem Trauma
⇒ kleiner Hammer bricht Knochen
kann während Geburt auftreten
⇒ Baby
blaue Skleren
viele Formen (genetisch verursacht)
abnormale Kollagen-Synthese

Meine Knochen
sind nicht perfekt!

Ehlers-Danlos-Syndrom

dehnbare Haut
⇒ gewellte Arme

überstreckbare Gelenke

Dislokationen
⇒ verbogene Beine

Blutungsneigung
⇒ Blut und Bandagen

10 Typen,
verschiedene
Vererbungsmechanismen
⇒ 10 Finger

defekte Kollagen-Synthese

2.21 T$_4$-Bakteriophage und lytischer Stoffwechselweg

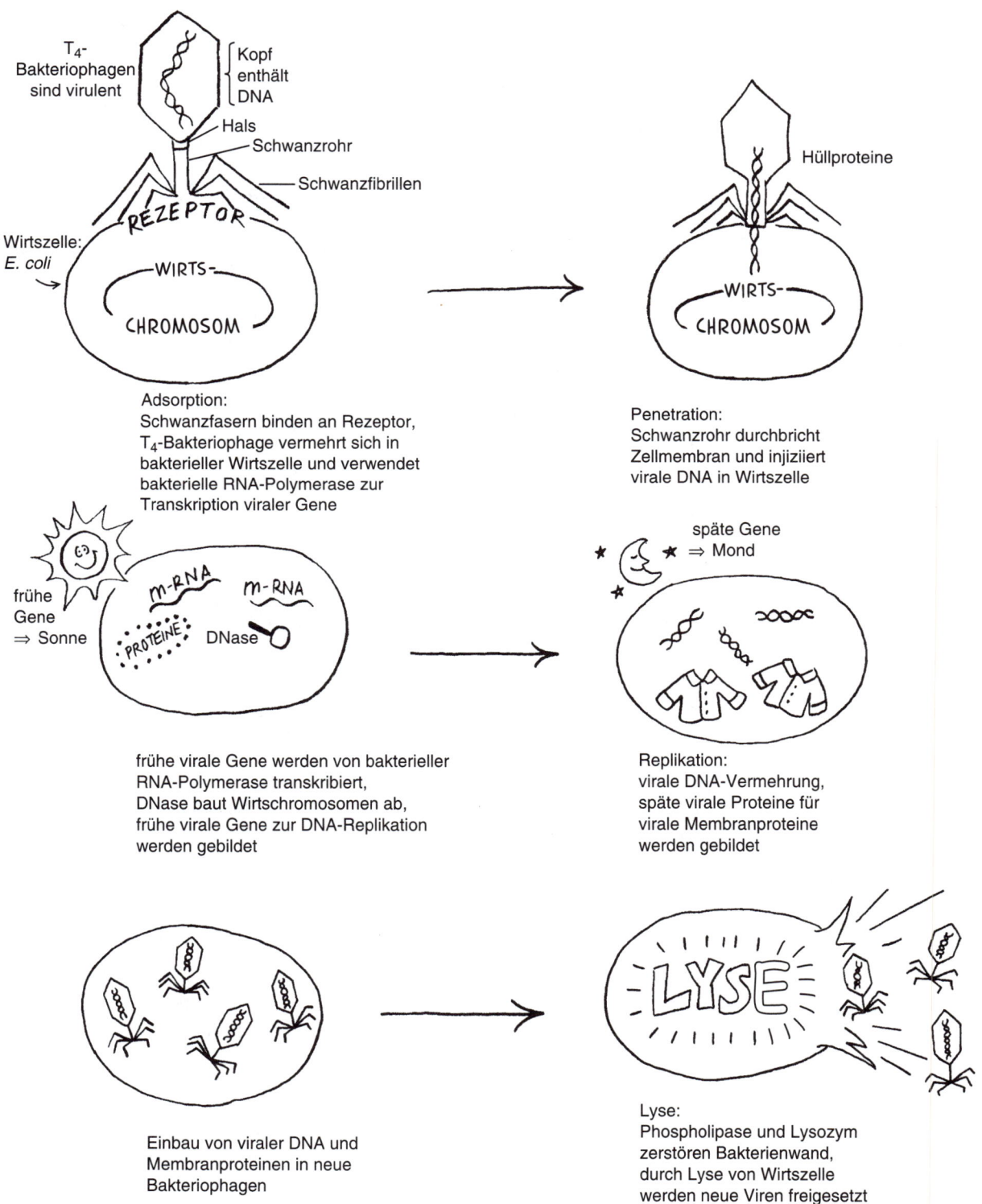

T$_4$-Bakteriophagen sind virulent

Kopf enthält DNA

Hals
Schwanzrohr
Schwanzfibrillen

REZEPTOR

Wirtszelle: E. coli

WIRTS-CHROMOSOM

Adsorption:
Schwanzfasern binden an Rezeptor, T$_4$-Bakteriophage vermehrt sich in bakterieller Wirtszelle und verwendet bakterielle RNA-Polymerase zur Transkription viraler Gene

Hüllproteine

WIRTS-CHROMOSOM

Penetration:
Schwanzrohr durchbricht Zellmembran und injiziert virale DNA in Wirtszelle

frühe Gene ⇒ Sonne

m-RNA   m-RNA
PROTEINE   DNase

frühe virale Gene werden von bakterieller RNA-Polymerase transkribiert, DNase baut Wirtschromosomen ab, frühe virale Gene zur DNA-Replikation werden gebildet

späte Gene ⇒ Mond

Replikation:
virale DNA-Vermehrung, späte virale Proteine für virale Membranproteine werden gebildet

Einbau von viraler DNA und Membranproteinen in neue Bakteriophagen

LYSE

Lyse:
Phospholipase und Lysozym zerstören Bakterienwand, durch Lyse von Wirtszelle werden neue Viren freigesetzt

2.22 λ-Bakteriophage und lysogener Stoffwechselweg

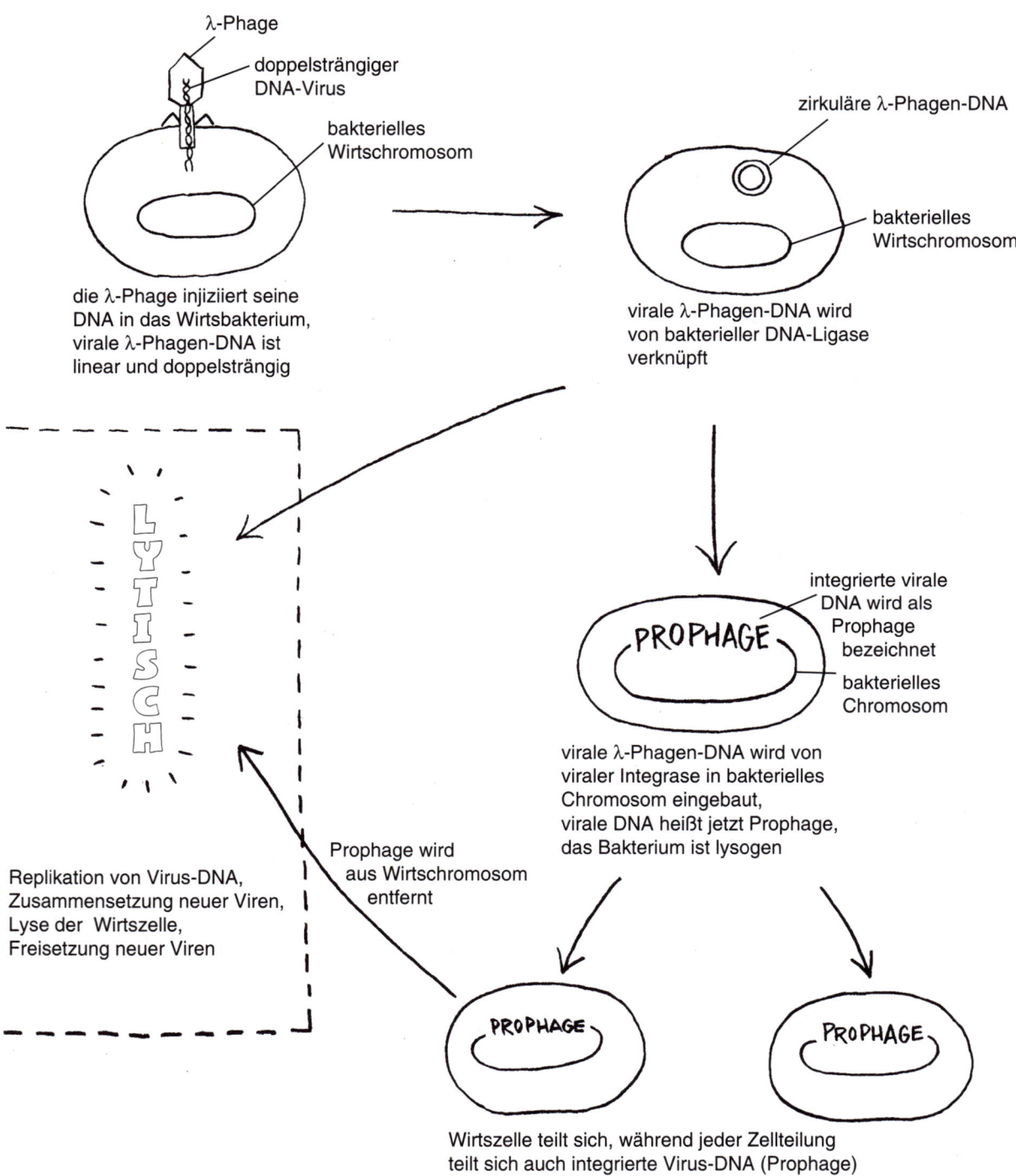

λ-Phage

doppelsträngiger DNA-Virus

bakterielles Wirtschromosom

die λ-Phage injiziiert seine DNA in das Wirtsbakterium, virale λ-Phagen-DNA ist linear und doppelsträngig

zirkuläre λ-Phagen-DNA

bakterielles Wirtschromosom

virale λ-Phagen-DNA wird von bakterieller DNA-Ligase verknüpft

LYTISCH

Replikation von Virus-DNA, Zusammensetzung neuer Viren, Lyse der Wirtszelle, Freisetzung neuer Viren

Prophage wird aus Wirtschromosom entfernt

integrierte virale DNA wird als Prophage bezeichnet

bakterielles Chromosom

PROPHAGE

virale λ-Phagen-DNA wird von viraler Integrase in bakterielles Chromosom eingebaut, virale DNA heißt jetzt Prophage, das Bakterium ist lysogen

PROPHAGE

PROPHAGE

Wirtszelle teilt sich, während jeder Zellteilung teilt sich auch integrierte Virus-DNA (Prophage)

lysogener Zyklus

2.23 Transformation, Transduktion und Konjugation

Austausch genetischer Information

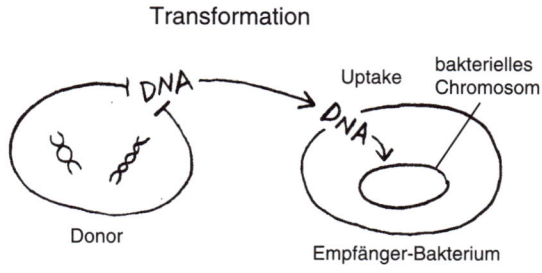

Transformation

Donor

Uptake

DNA

bakterielles Chromosom

Empfänger-Bakterium

Bei Transformation durchquert fremde DNA Membran des Spenderbakteriums, Fremd-DNA wird ins Chromosom integriert

Transduktion

Bakteriophage mit Spender-DNA

Spenderzelle

Empfänger-Bakterium

Bei Transduktion wird DNA irrtümlicherweise in Bakteriophage verpackt, Bakteriophage injiziert bakterielle Spender-DNA statt viraler DNA in die Zelle

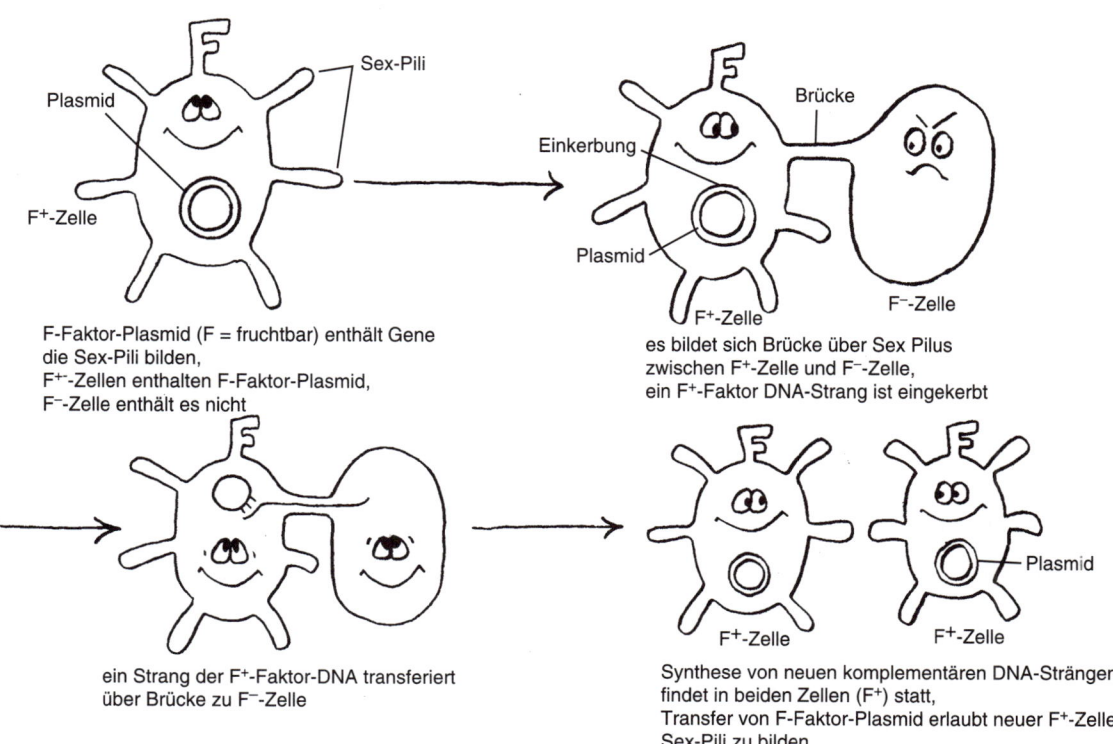

Konjugation
(F-Faktor bei *E. coli*)

Sex-Pili

Plasmid

F⁺-Zelle

F-Faktor-Plasmid (F = fruchtbar) enthält Gene die Sex-Pili bilden, F⁺-Zellen enthalten F-Faktor-Plasmid, F⁻-Zelle enthält es nicht

Brücke

Einkerbung

Plasmid

F⁺-Zelle

F⁻-Zelle

es bildet sich Brücke über Sex Pilus zwischen F⁺-Zelle und F⁻-Zelle, ein F⁺-Faktor DNA-Strang ist eingekerbt

ein Strang der F⁺-Faktor-DNA transferiert über Brücke zu F⁻-Zelle

F⁺-Zelle

F⁺-Zelle

Plasmid

Synthese von neuen komplementären DNA-Strängen findet in beiden Zellen (F⁺) statt, Transfer von F-Faktor-Plasmid erlaubt neuer F⁺-Zelle, Sex-Pili zu bilden

3 Zell- und Gewebestruktur

- Biologische Membranen sind aus Lipiden und Proteinen aufgebaut.
- Lipide und Proteine stellen die strukturelle Komponente der Membran dar.
- Die Proteine sind in ihrer Funktion spezifischer als die Lipide, ihre Funktionen umfassen den Membrantransport und enzymatische Reaktionen.

3.1 Lipide

Lipide besitzen amphiphile Eigenschaften, d.h., sie bestehen aus einem hydrophilen und einem hydrophoben Anteil. Es können drei Klassen unterschieden werden:

- **Phosphoglyceride:**
  - sind aus Phosphat und Glyzerin aufgebaut
  - besitzen zwei hydrophobe Enden
  - sind das am häufigsten vorkommende Lipid
  - Beispiel Dipalmitylphosphatidincholin (Dipalmityllecitin): Bestandteil des Lungensurfactant, wird von Typ-II-Pneumozyten sezerniert und vermindert die Oberflächenspannung in den Alveolen
- **Sphingolipide:**
  - besitzen zwei hydrophobe Enden
  - sind größtenteils Glykolipide
  - höchste Konzentration in der Plasmamembran
  - sind Bestandteile von Spingomyelin (Myelin) und Gangliosiden (kommt in Gehirn und grauer Substanz vor)
- **Cholesterin:**
  - besitzt eine zyklische Ringstruktur
  - ist das am wenigsten wasserlösliche Membranlipid

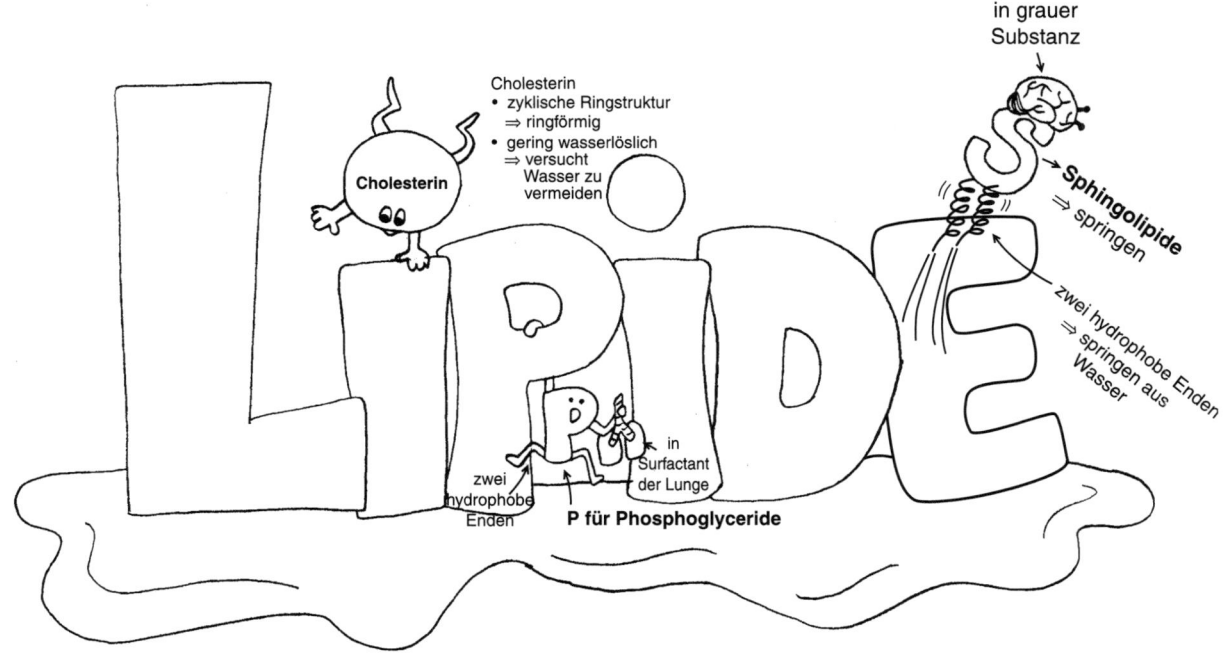

3.2 Lipiddoppelschicht der Membran

3.2.1 Lipiddoppelschicht

- In einer wässrigen Lösung strebt der hydrophile Kopf des Lipids es an, von Wasser umgeben zu sein, wohingegen die hydrophoben Enden Wasser vermeiden.
- Die hydrophoben und die hydrophilen Komponenten von Lipiden bewirken die Ausbildung von Lipiddoppelschichten oder Mizellen.
  - Die Lipiddoppelschicht wird durch hydrophobe Interaktionen zusammengehalten.
  - Jedes einzelne Lipid kann sich lateral (in horizontaler Ebene) frei innerhalb der Lipiddoppelschicht bewegen.
  - Die Fließeigenschaften der Membran steigen mit dem zunehmenden Gehalt an ungesättigten Fettsäureresten in den Membranlipiden.
  - Cholesterin vermindert aufgrund seiner Ringstruktur die Fließeigenschaften.

3.2.2 Membranpermeabilität

gesteigerte Permeabilität		verminderte Permeabilität
Blutgase (CO_2, O_2, N_2)	Harnstoff	Glucose
Fettsäuren	Glyzerin	Aminosäuren
Steroidhormone	Wasser	Nukleotide
		anorganische Ionen
		Makromoleküle

3.2.3 Membranproteine

- Funktionen:
  - Interaktionen zwischen Zytoskelett und extrazellulärer Matrix
  - enzymatische Reaktionen
  - Transportregulationen
  - Regulation der Permeabilität von anorganischen Ionen und Signaltransduktion
- Proteinarten:
  - Integrale Membranproteine sind in die Lipiddoppelschicht eingebettet und durchqueren die Lipiddoppelschicht über die transmembranöse Helix.
  - Periphere Membranproteine durchqueren, im Gegensatz zu integralen Membranproteinen, die Lipiddoppelschicht nicht. Stattdessen sind sie über nicht-kovalente Bindungen mit der äußeren Membranoberfläche verbunden.

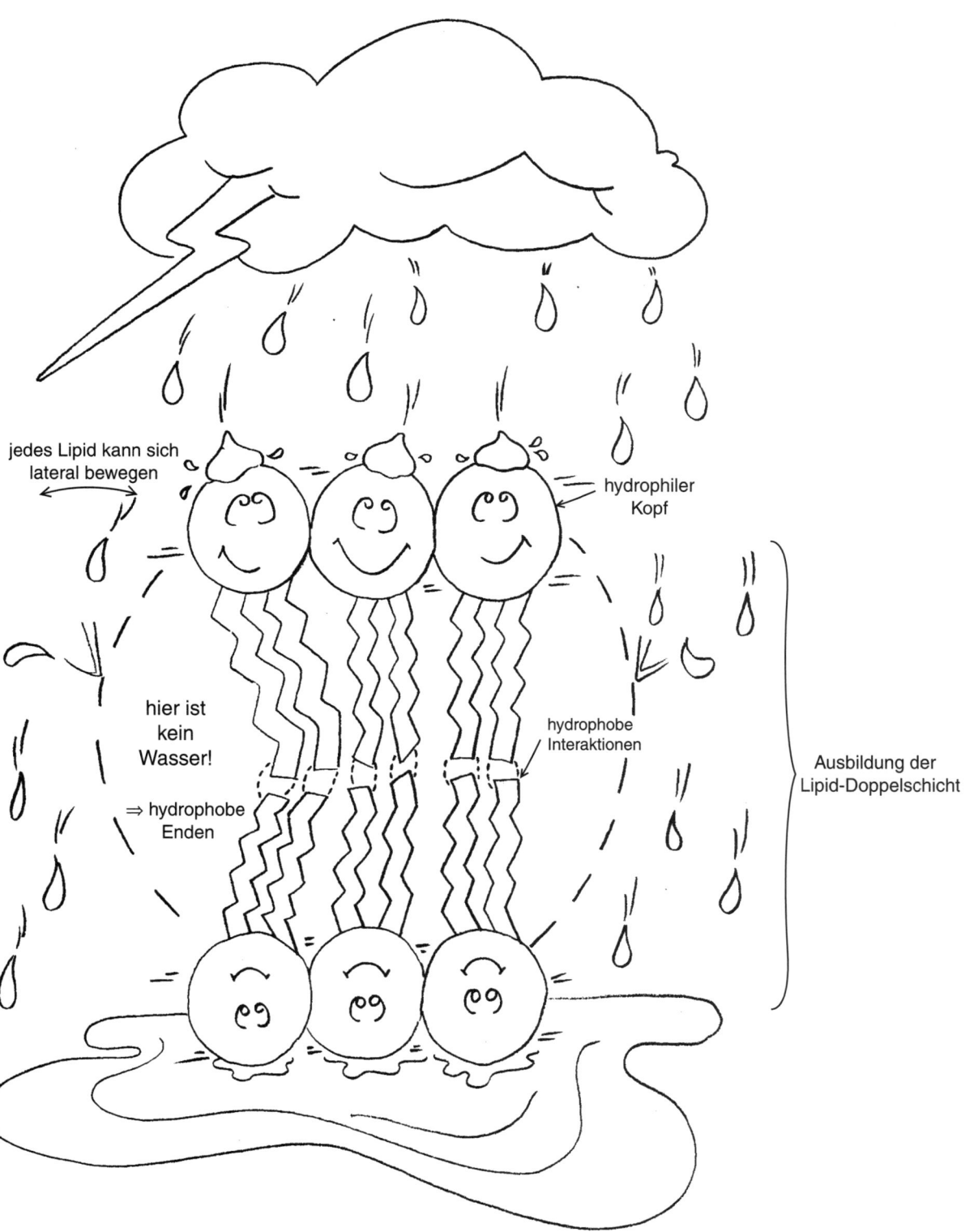

3.3 Membrankanäle

- Moleküle können die Lipiddoppelschicht über passive Diffusion durchqueren, wasserlösliche Substanzen benötigen jedoch einen Carrier-vermittelten Transport.
- Die erleichterte Diffusion benötigt keine Energie, der Substrattransport erfolgt entlang des elektrochemischen Gradienten.
- Der Carrier-vermittelte Transport besitzt spezielle Eigenschaften, die sich von der passiven Diffusion unterscheiden:
  - Sättigbarkeit
  - Substratspezifität
  - spezifische Hemmung
  - physiologische Regulation

- Der aktive Transport benötigt Energie (ATP), das Substrat wird entgegen dem elektrochemischen Gradienten transportiert. Ein Beispiel hierfür ist die Natrium-Kalium-Pumpe.
- Unter Co-Transport versteht man den gekoppelten Transport zwei verschiedener Substrate:
  - Beim Antiport werden Substrate in verschiedene Richtungen transportiert.
  - Beim Symport werden Substrate in dieselbe Richtung transportiert, ein Beispiel dafür ist der Natrium-Co-Transport für die zelluläre Aufnahme kleiner Moleküle (Glucose und Aminosäuren).

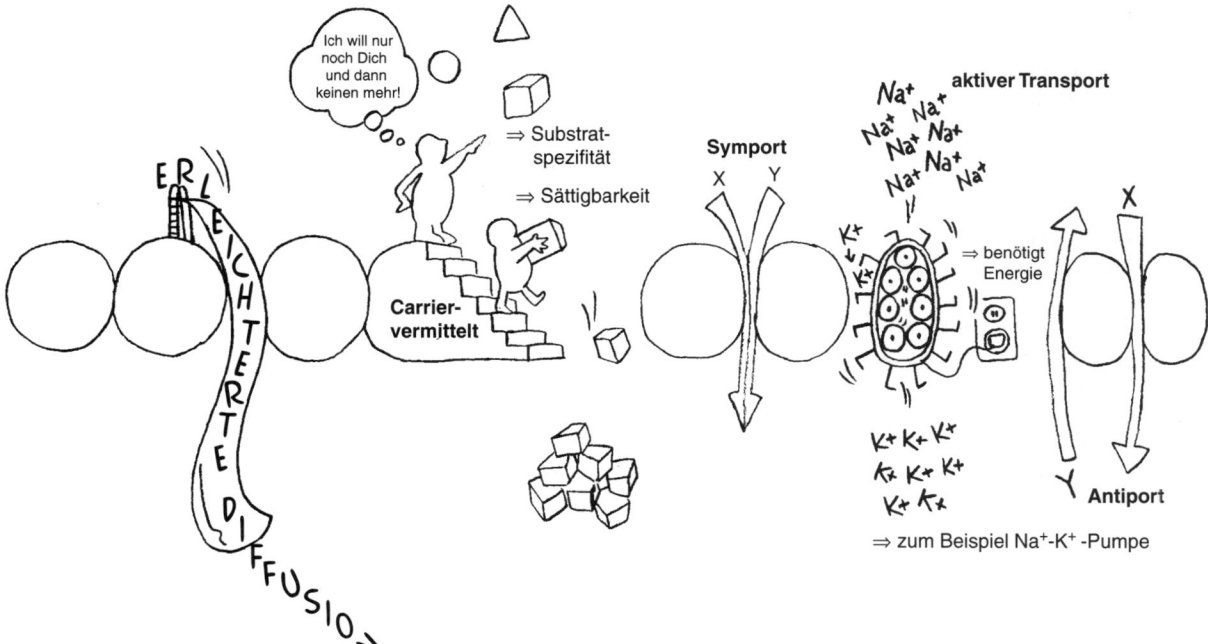

3.4 Zytoskelett

Das Zytoskelett trägt zur Aufrechterhaltung der intakten Zellform bei. Die Bestandteile des Zytoskeletts umfassen:

- Mikrofilamente, die aus Actin aufgebaut sind
- Intermediärfilamente
- Mikrotubuli, die eine dicht angeordnete Struktur aus Tubulin-Polymeren aufweisen
- Das Membranskelett ist ein fibröses Netzwerk, das mit integralen Membranproteinen verknüpft ist.

3.4.1 Erythrozyten

- Ihre Membran ist aus Spektrin aufgebaut.
  - Defekte des Spektrins verursachen eine hämolytische Anämie. Beispiele dafür sind die hereditäre Sphärozytose und die hereditäre Elliptozytose.

3.4.2 Muskelfasern

- Das Membranskelett wird aus Dystrophin gebildet.
- Dystrophin kommt in Herz- und Skelettmuskel und in der glatten Muskulatur vor.
- Die Duchenne-Muskeldystrophie wird durch das vollständige Fehlen von Dystrophin verursacht. Diese Erkrankung wird x-chromosomal vererbt. Sie verursacht eine zunehmende Muskeldestruktion, was zu einer Muskelschwäche führt. Die Patienten versterben letztendlich im Alter von ungefähr 20 Jahren an Herz- oder Lungenversagen.

3.4.3 Epitheliales Gewebe

- Es ist aus Keratinen, die zu den Intermediärfilamenten gezählt werden, aufgebaut.
- Die Epidermiolysis bullosa wird durch Mutationen des Keratins verursacht. Eine minimale mechanische Belastung auf die Dermis-Epidermis-Verbindungregion verursacht eine schmerzhafte Blasenbildung.

3.4.4 Mikrotubuli

- Zilien und Flagellen besitzen eine so genannte 9 + 2 Mikrotubuli-Anordnung.
  - Zilien kommen im Epithel, im Bronchialbaum, in den Eileitern und in den Sinus nasalis vor.
  - Flagellen werden in den Spermien gefunden.
- Der Querschnitt von Zilien und Flagellen zeigt 2 Mikrotubuli im Zentrum und 9 doppelte Mikrotubuli in der Peripherie.
- Aus den doppelten Mikrotubuli gehen je zwei Arme hervor, die aus Dynein zusammengesetzt sind und eine Rolle bei der Bewegung von Mikrotubuli spielen.
- Defekte von Zilien und Flagellen führen zu chronisch respiratorischen Infektionen und Unfruchtbarkeit.

3.4.5 Interzelluläre Verbindungen

Verbindungen zwischen Zellen:

- Adhäsionskontakte
  - Fleckdesmosomen (Maculae adhaerentes)
  - Gürteldesmosomen (Zonulae adhaerentes)
- Tight-junctions bilden eine wasserdichte Versiegelung zwischen den einfach geschichteten epithelialen Zellen aus.
- Gap-junctions verbinden das Zytoplasma zwei benachbarter Zellen und ermöglichen eine Passage von Molekülen.

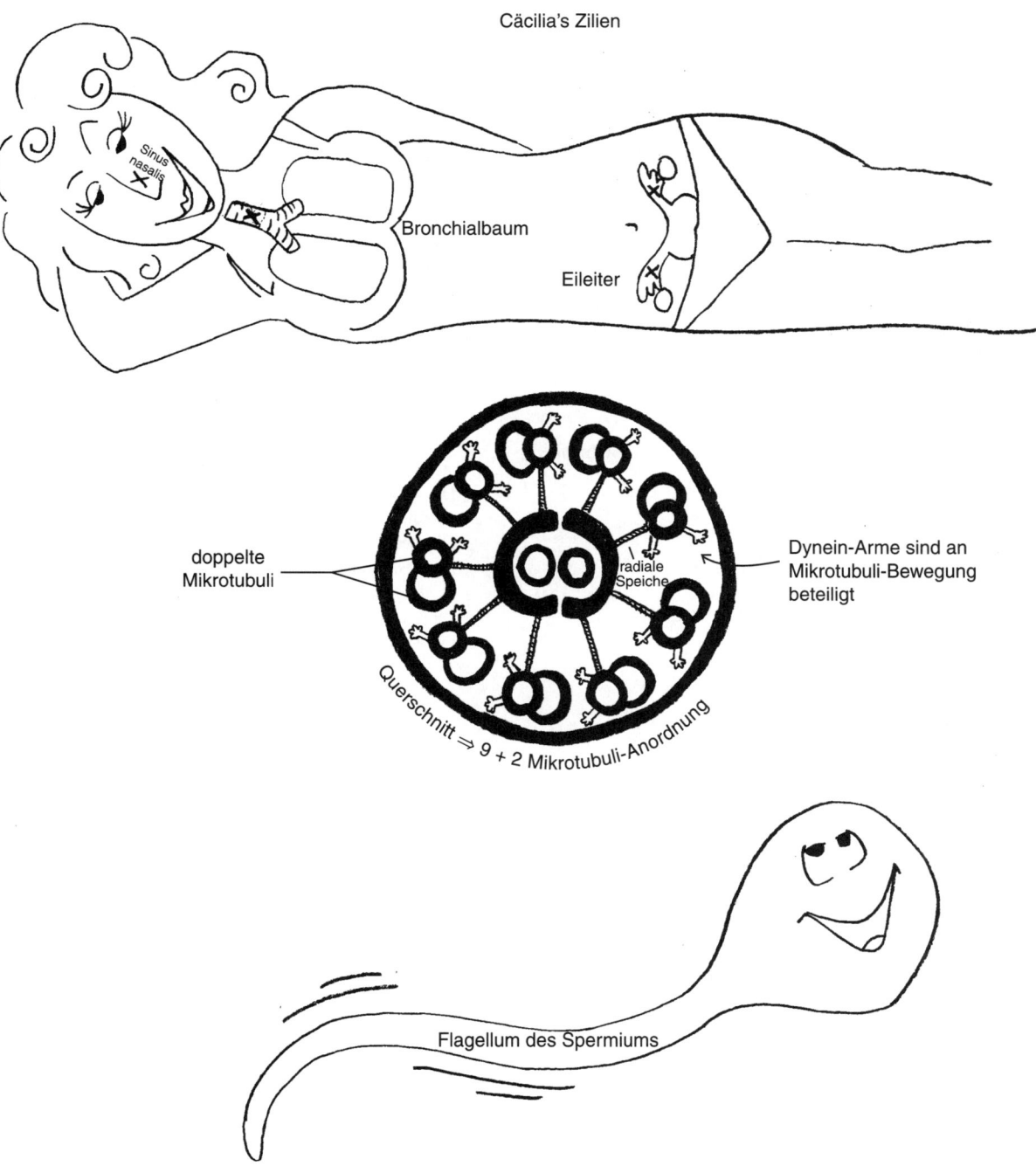

Cäcilia's Zilien

Sinus nasalis

Bronchialbaum

Eileiter

doppelte Mikrotubuli

radiale Speiche

Dynein-Arme sind an Mikrotubuli-Bewegung beteiligt

Querschnitt ⇒ 9 + 2 Mikrotubuli-Anordnung

Flagellum des Spermiums

3.5 Extrazelluläre Matrix

- Die Funktionen der extrazellulären Matrix umfassen strukturelle Festigkeit, Dehnungskraft und Elastizität.
- Kollagene sind der häufigste Proteintyp
  - Alle Kollagenarten sind aus drei Polypeptiden aufgebaut, die eine Tripelhelix ausbilden.
  - Es sind 19 Arten von Kollagen bekannt.
  - Polypeptide sind durch Hydrogenbindungen miteinander verbunden.

3.5.1 Kollagensynthese

- Preprokollagen wird zu Prokollagen umgewandelt, nachdem Aminosäuren an den Aminoenden durch die Signalpeptidase entfernt wurden.
- Zwischen den Ketten werden Disulfidbindungen ausgebildet.
- Prolin- und Lysin-Seitenketten werden hydroxyliert.
- Bestimmte 5-Hydroxylysil-Reste werden glykosyliert.
- Die Tripelhelix wird in Richtung C → N aufgebaut.
- Das Prokollagen wird sezerniert.
- Extrazelluläre Proteasen entfernen die C- und die N-terminalen Propeptide.
- Das Tropokollagen wird in Fibrillen eingebaut.
- Die Fibrillen sind über kovalente Bindungen miteinander vernetzt.

3.5.2 Bindegewebserkrankungen

- Bei der Osteogenesis imperfecta besteht ein Defekt des Typ-I-Kollagens → blaue Skleren, zerbrechlichen Knochen und Taubheit
- Ehlers-Danlos-Syndrom (man unterscheidet mehrere Arten) → verstärkte Dehnbarkeit der Haut und überstreckbare Gelenke
- Skorbut ist die Folge eines Mangels an Vitamin C → erhöhtes Verletzungsrisiko
- Das Marfan-Syndrom ist ein Defekt des Fibrillin-Gens → Aneurysmen, vermehrtes Körperwachstum und Linsenluxation
- Die epiphyseale Dysplasie ist ein Defekt des Typ-II-Kollagens → Zwergenwuchs
- Bei der Epidermiolysis bullosa dystrophica besteht ein Defekt des Typ-IV-Kollagens → unregelmäßige Blasenbildung auf der Haut

3.5.3 Bindegewebsgrundsubstanz

- Die Grundsubstanz setzt sich zusammen aus nichtfibrösen Glykoproteinen, Proteoglykanen und Hyaluronsäure, in die Kollagen- und Elastinfasern eingebaut sind.
- Die Hyaluronsäure ist ein Glykosaminoglykan, ihre negative Ladung bindet Wasser und Kationen.
- Proteoglykane:
  - Das Glykosaminoglykan ist kovalent an das Kernprotein gebunden.
  - Die bedeutendste Komponente der Bindegewebe ist ihre Grundsubstanz.
  - Proteoglykane werden im endoplasmatischen Retikulum gebildet.
  - Ihr Abbau erfolgt in den Lysosomen.

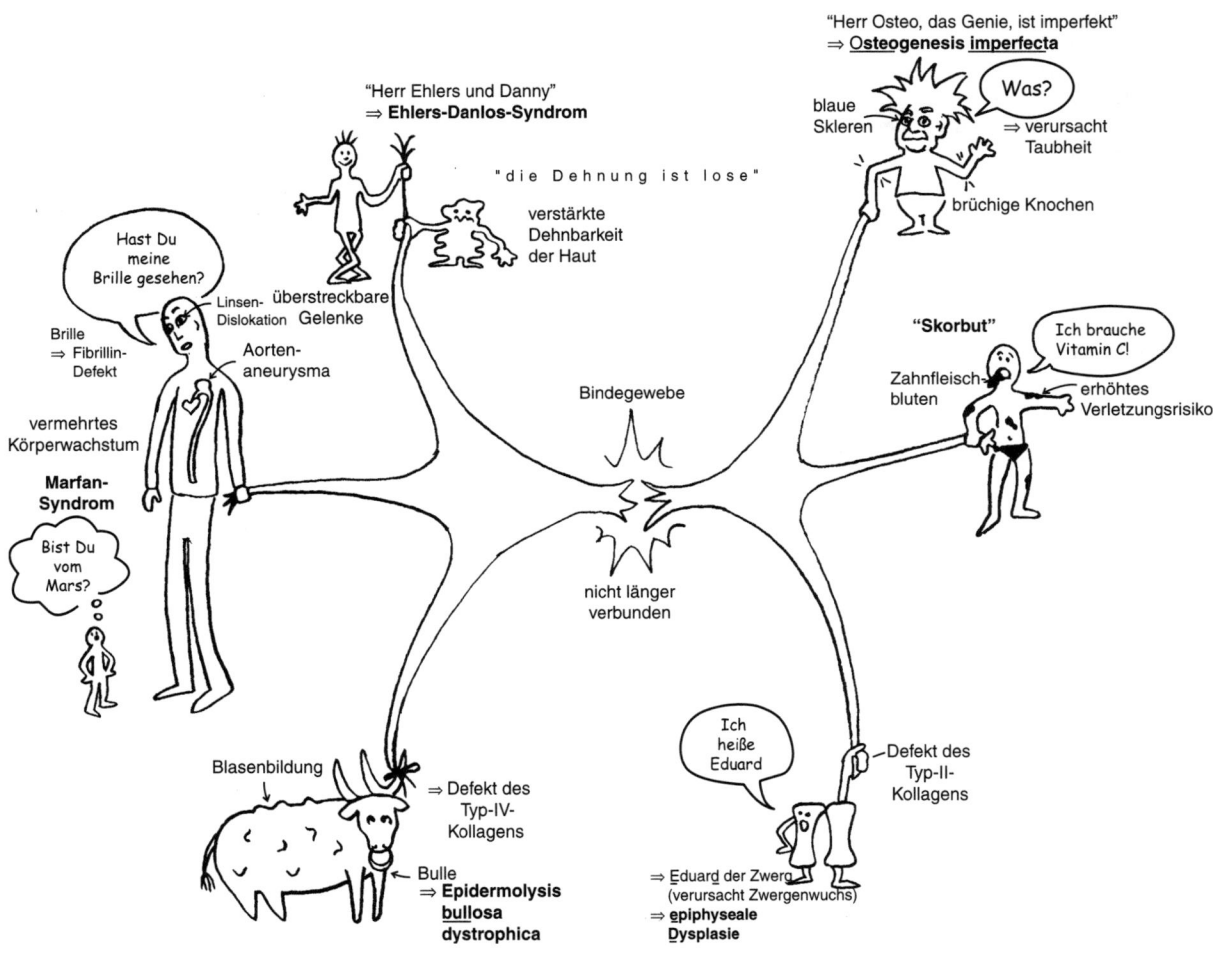

3.6 Lysosomale Speicherkrankheiten

- Sie resultieren aus Mangelzuständen an lysosomalen Enzyme, die Glykosaminoglykane abbauen → Anstau von Glykosaminoglykanen, die nicht in den Lysosomen abgebaut werden können
- Die Vererbung erfolgt autosomal rezessiv oder x-chromosomal rezessiv.
- Defekte des Abbaus von Heparansulfat führen zu ZNS-Veränderungen wie mentaler Retardierung.
- **Hunter-Syndrom:**
  - Vererbung x-chromosomal-rezessiv
  - Defekt der Iduronat-Sulfat-Sulfatase
  - kein Abbau von Glykosaminoglykanen (Dermatansulfat und Heparansulfat)
  - klinische Symptome: Zwergenwuchs, Herzklappenerkrankungen, geistige Retardierung, Tod im Alter von ca. 10 bis 15 Jahren und Hepatosplenomegalie
- **Hurler-Syndrom:**
  - Vererbung autosomal rezessiv
  - Mangel an α-L-iduronidase
  - kein Abbau von Glykosamioglykanen (Dermatansulfat und Heparansulfat)
  - klinische Symptome: Zwergenwuchs, Herzklappenerkrankungen, geistige Retardierung, Tod im Alter von weniger als 10 Jahren und Hepatosplenomegalie

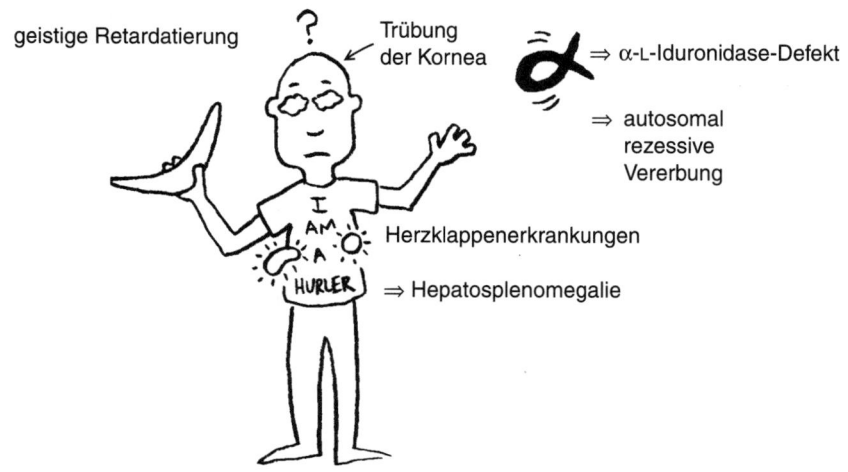

geistige Retardierung

⇒ x-chromosomal-rezessive Vererbung

Herzklappen-erkrankungen

Herr Hunter ist Jäger

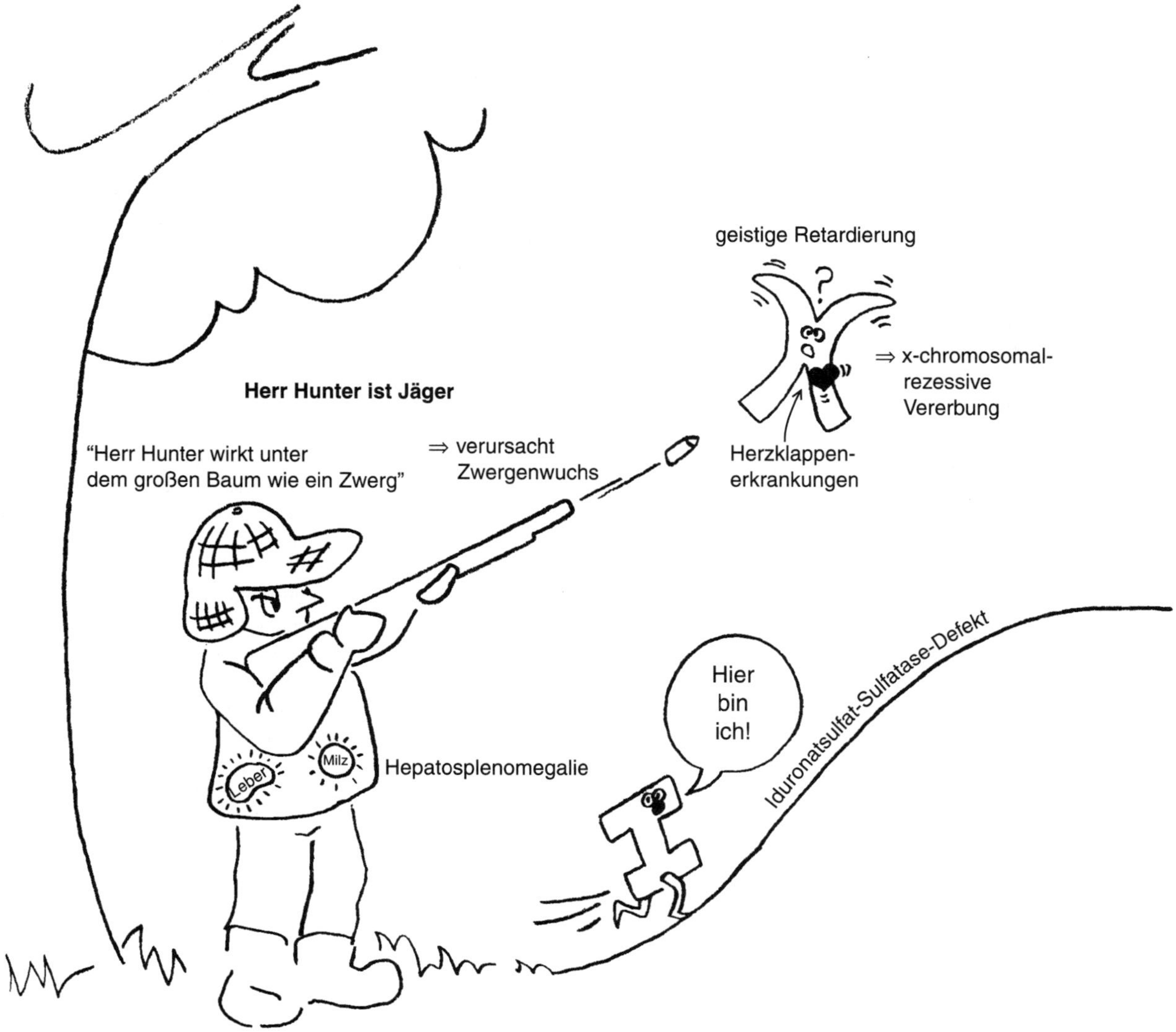

"Herr Hunter wirkt unter dem großen Baum wie ein Zwerg"

⇒ verursacht Zwergenwuchs

Leber

Milz

Hepatosplenomegalie

Iduronatsulfat-Sulfatase-Defekt

Hier bin ich!

Herr Hurler kapiert nichts und sieht nichts

geistige Retardatierung

Trübung der Kornea

⇒ α-L-Iduronidase-Defekt

⇒ autosomal rezessive Vererbung

Herzklappenerkrankungen

⇒ Hepatosplenomegalie

4 Metabolismus

4.1 Oxidation von Glucose

4.1.1 Übersicht

- Glucose wird im Rahmen der **Glykolyse** zu zwei Pyruvatmolekülen umgewandelt.
- Pyruvat wird aus dem Zytoplasma in den Matrixraum der Mitochondrien transportiert, dort zu zwei Acetyl-CoA umgewandelt und im **Zitratzyklus** weiterverarbeitet.
- Die Produkte des Zitratzyklus, der Glykolyse und der Umwandlung von Pyruvat zu Acetyl-CoA sind NADH und FADH$_2$, sie werden zur ATP-Gewinnung bei der **oxidativen Phosphorylierung** benötigt.

4.1.2 Glykolyse

- Die Glykolyse findet im Zytoplasma statt.
- Glucose (6 Kohlenstoffatome) wird zu 2 Pyruvat (je 3 Kohlenstoffatome) umgewandelt.
- Es entstehen 2 Moleküle ATP und 2 Moleküle NADH pro Molekül Glucose.
- Die Glucose wird in Form von Glykogen vor allem in der Leber und den Muskeln gespeichert.
- Während einer Hungerperiode wird die Blutglukosekonzentration von der Leber aufrechterhalten.
- Wenn die Glucose ins Zytoplasma gelangt, wird sie umgehend zu Glucose-6-phosphat phosphoryliert, bevor sie an weiteren metabolischen Vorgängen teilnehmen kann.
- Im Gegensatz zur Glucose kann Glucose-6-phosphat nicht die Zelle verlassen und steht deshalb den metabolischen Vorgängen zur Verfügung.
- Die Phosphorylierung von Glucose-6-phosphat zu 1,6-Bisphosphonat durch die PFK (Phosphofruktokinase) ist der erste irreversible Schritt, der spezifisch und notwendig für die Glykolyse ist.
- Die PFK wird vielseitig reguliert, sie wird durch Insulin, AMP und ADP stimuliert und durch Glukagon, Citrat, niedrigem pH-Wert und ATP gehemmt.
- Die Enzyme Hexokinase (in der Leber Glukokinase), PFK und Pyruvatkinase sind an den irreversiblen Reaktionen der Glykolyse beteiligt.

4.1.3 Anaerobe Glykolyse

Unter anaeroben Bedingungen wird in der Glykolyse Laktat produziert.

- Der Wasserstoff des NADH wird mit Hilfe des Enzyms Laktatdehydrogenase auf Pyruvat übertragen, dabei entsteht Laktat. Bei dieser Reaktion entsteht NAD$^+$, das in die Glykolyse zurückgeführt werden kann.
- Rote Blutkörperchen wenden die anaerobe Glykolyse zur Energiegewinnung an, weil sie keine Mitochondrien besitzen. Der Energiebedarf muss durch das in der Glykolyse entstehende ATP gedeckt werden.

4.1.4 Pyruvatdehydrogenase und Zitratzyklus

Pyruvatdehydrogenase:

- Der Pyruvatdehydrogenase-Komplex decarboxyliert Pyruvat zu Acetyl-CoA.

- Er ist aus drei Enzymen aufgebaut:
  1. Pyruvatdehydrogenase: besitzt ein Thiaminpyrophosphat als prosthetische Gruppe und ist der Pyruvatträger
  2. Dihydrolipoyl-Transacetylase: ist mit einer Fettsäure an die Lysin-Seitenkette gebunden (Liponamid); sie ist Teil einer Redox-Reaktion und Acetylgruppenträger (Acetyl-Liponamid).
  3. Dihydrolipoyl-Dehydrogenase: besitzt ein Flavoprotein, das FAD enthält, und oxidiert Dihydrolipoidsäure nach der Übertragung der Acetylgruppe auf das Coenzym A

Zitratzyklus:

- Der Zitratzyklus ist auch bekannt unter den Namen Tricarbonsäurezyklus und Krebs-Zyklus.
- Er stellt die gemeinsame Endstrecke aller oxidierten Nährstoffe dar.
- Pro Acetyl-CoA-Molekül, das im Zitratzyklus metabolisiert wird, entstehen 2 CO$_2$, 3 NADH, 1 GTP und 1 FADH$_2$.
- Die reduzierten Co-Enzyme (NADH, FADH$_2$) aus der Glykolyse, der Pyruvatdehydrogenase-Reaktion und dem Zitratzyklus werden in der Atmungskette benötigt, dabei entsteht ATP durch oxidative Phosphorylierung:
  - 1 NADH produziert 3 ATP.
  - 1 FADH$_2$ produziert 2 ATP.
- Der Zitratzyklus wird durch die Menge von vorhandenem ATP, NAD$^+$ und NADH reguliert:
  - Hemmung durch hohe Konzentrationen an ATP und NADH
  - Stimulierung durch hohe Konzentrationen an NAD$^+$
- Es existieren zwei Transportmechanismen, um den Wasserstoff des NADH aus dem Zytoplasma in die mitochiondriale Matrix zu transportieren:
  - Glycerin-Phosphat-Shuttle: nur 2 ATP entstehen
  - Malat-Aspartat-Shuttle: 3 ATP entstehen

4.1.5 Atmungskette und oxidative Phosphorylierung

- Reduzierte Coenzyme werden von molekularem Sauerstoff oxidiert.
- Durch oxidative Phosphorylierung entsteht ATP.
  - In der Atmungskette sind exergone Redoxreaktionen mit der endergonen ATP-Synthese aus ADP und anorganischem Phosphat (P$_i$) gekoppelt.
  - Gemäß der chemiosmotischen Hypothese findet die oxidative Phosphorylierung in zwei Schritten statt:
    1. Die Protonen werden aus der mitochondrialen Matrix in den Membranzwischenraum transportiert.
    2. Es entsteht ein Protonengradient, der zur ATP-Synthese verwendet wird.
- Die Atmungskette ist aus drei Proteinkomplexen zusammengesetzt:
  - NADH-Q-Reduktase-Komplex oder NADH-Dehydrogenase
  - QH$_2$-Cytochrom-C-Reduktase-Komplex oder Cytochrom-Reduktase
  - Cytochrom-Oxidase-Komplex
- Die oxidative Phosphorylierung wird durch folgende Vorgänge gehemmt:
  - Inhibitoren des Elektronenflusses (Zyanid)
  - Entkoppler, die nicht den Elektronenfluss, sondern die ATP-Synthese auf andere Weise hemmen. Arsen wird bei der ATP-Synthese statt Phosphat eingebaut.

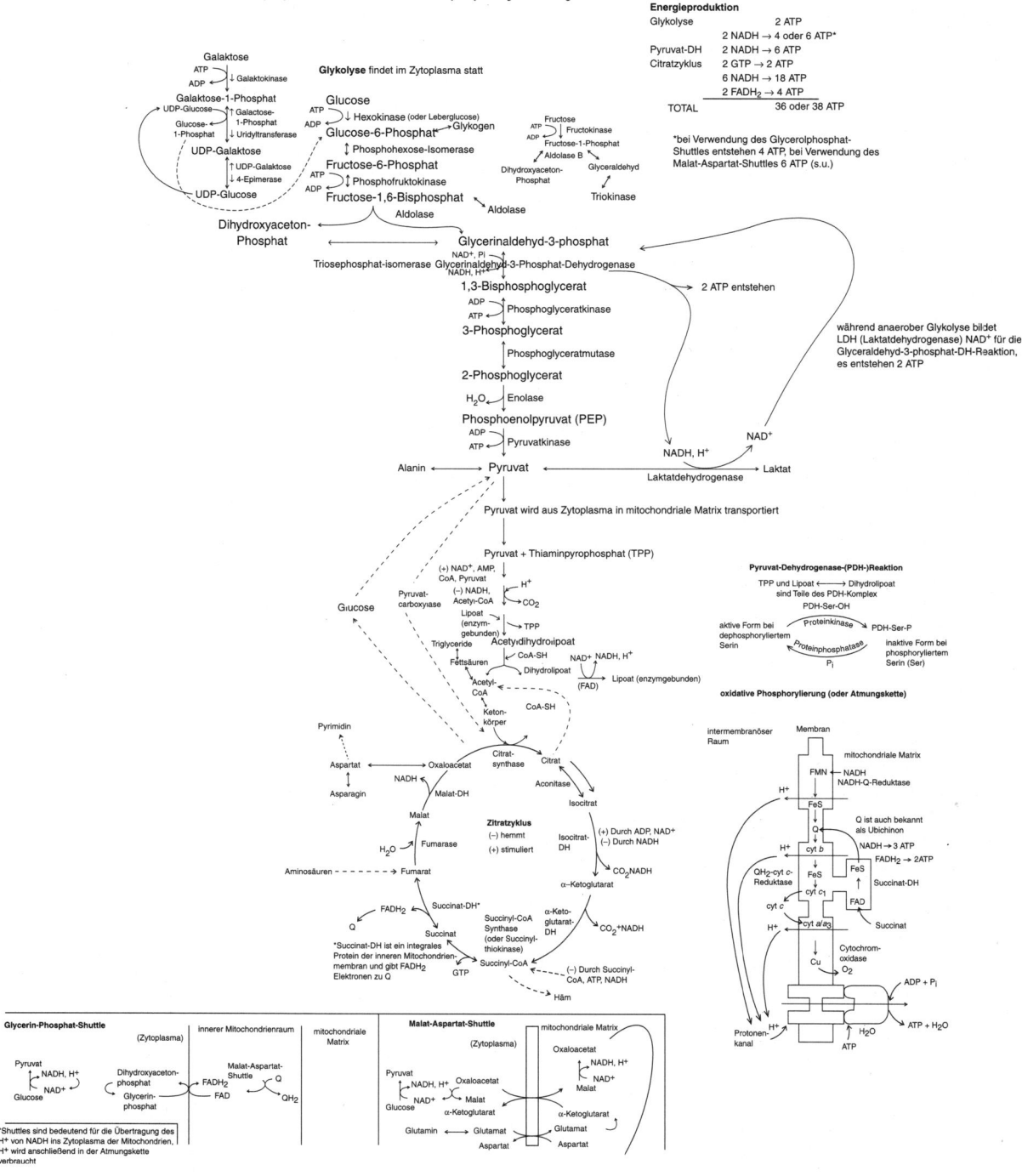

Glykolyse, Citratzklus und oxidative Phosphorylierung der Atmungskette

Energieproduktion

Glykolyse	2 ATP
	2 NADH → 4 oder 6 ATP*
Pyruvat-DH	2 NADH → 6 ATP
Citratzyklus	2 GTP → 2 ATP
	6 NADH → 18 ATP
	2 FADH₂ → 4 ATP
TOTAL	36 oder 38 ATP

*bei Verwendung des Glycerolphosphat-Shuttles entstehen 4 ATP, bei Verwendung des Malat-Aspartat-Shuttles 6 ATP (s.u.)

4.2 Kohlenhydratstoffwechsel

4.2.1 Gluconeogenese

- Die Synthese von Glucose über Zwischenstufen nennt man Gluconeogenese.
- Sie ist die Umkehr der Glykolyse und ermöglicht die Synthese von Glucose aus Pyruvat.
- Die drei irreversiblen Reaktionen der Glykolyse werden in der Gluconeogenese umgangen:
  - Hexokinasereaktion: wird von der Glucose-6-phosphatase umgangen
  - Phosphofruktokinase (PFK): wird durch die Fructose 1,6-disphosphatase überbrückt
  - Pyruvatkinase: wird in zwei Schritten umgangen; Pyruvat wird durch die Pyruvat-Carboxylase zu Oxalacetat umgewandelt, dieses wird anschließend durch die PEP-Carboxykinase zu PEP (Phosphoenolpyruvat).
- Weitere Vorläuferstoffe der Gluconeogenese sind u. a. Laktat, Alanin und Glyzerin.
- Acetyl-CoA ist kein Zwischenprodukt der Gluconeogenese, da die Pyrvatdehydrogenase-Reaktion vollständig irreversibel ist und nicht umgangen werden kann.
- hormonelle Regulation der Gluconeogenese:
  - Glukagon, Adrenalin und Noradrenalin stimulieren Stoffwechselvorgänge, die Glukose herstellen.
  - Diese Vorgänge werden durch cAMP und Proteinkinase A vermittelt.
  - Glucocortikoide stimulieren die Gluconeogenese auf der Stufe der Gentranskription.
  - Bei einem erhöhten Blutglucosespiegel wird Insulin freigesetzt.
  - Insulin baut cAMP ab und fördert dadurch Vorgänge, die Glucose verbrauchen und die Glukoneogenese hemmen.

4.2.2 Glykogen

- Speicherung in Form von Glykogen
- hauptsächlich in Leber und Muskeln vorhanden:
  - Leberglykogen dient der Aufrechterhaltung der Blutglucose-Konzentration während eines Fastenzustands
  - Muskelglykogen wird für den Energiebedarf der Muskeln selbst während anstrengenden Betätigungen benötigt, dient nicht der Aufrechterhaltung der Blutglucose-Konzentration
  - Glykogenabbau im Muskel kann nicht über Glucose-6-phosphat ablaufen, da der Muskel (im Gegensatz zur Leber) keine Glucose-6-phosphatase besitzt. Das Glucose-6-phosphat wird in der Glykolyse abgebaut.

- Glykogen ist aus verzweigtkettigen Kohlenhydraten aufgebaut (Siehe Abb. zu Enzymen, Reaktionen der Glykogensynthese und Regulatoren der Glykogensynthese bzw. des Glykogenabbaus).
- Glykogenspeicherkrankheiten treten bei einem Mangel an abbauenden Enzymen auf.
  - Von-Gierke-Krankheit: Mangel an Glucose-6-phosphatase
  - Pompe-Krankheit: Mangel an α-1,4-Glucosidase
  - Forbes-Syndrom: Verminderung eines abbauenden Enzyms
  - Fabry-Syndrom: ebenfalls Verminderung eines abbauenden Enzyms
  - McArdle-Syndrom: Mangel an Muskelphosphorylase
  - Hers-Krankheit: Mangel an Phosphorylase in der Leber
  - Tauri-Glykogenose: Verminderung der Phosphofructokinaseaktivität

4.2.3 Pentosephosphatzyklus

- Synonym: Hexosemonophosphatweg
- Erzeugung von Ribose-5-phosphat und NADPH (NADPH wird zur Fettsäure-, und Cholesterinsynthese benötigt)
- Glucose-6-phosphat-dehydrogenase-Mangel:
  - Mangel bewirkt Unvermögen der Erythrozyten, ein reduziertes inneres Millieu aufrechtzuerhalten (insbesondere Gluthation im reduzierten Zustand). Aus diesem Grund können Peroxide oder andere Oxidantien die Erythrozyten zerstören, wodurch eine hämolytische Anämie entsteht.
  - Oxidantien sind u. a. die Medikamente Primaquin (Malariamittel) und Sulfonamide oder Fava-Bohnen (Vicia faba).

4.2.4 Fructose in Samenflüssigkeit

Fructose wird im Polyol-Weg in den Samenbläschen hergestellt, um Energie für die Spermienaktivierung bereitzustellen.

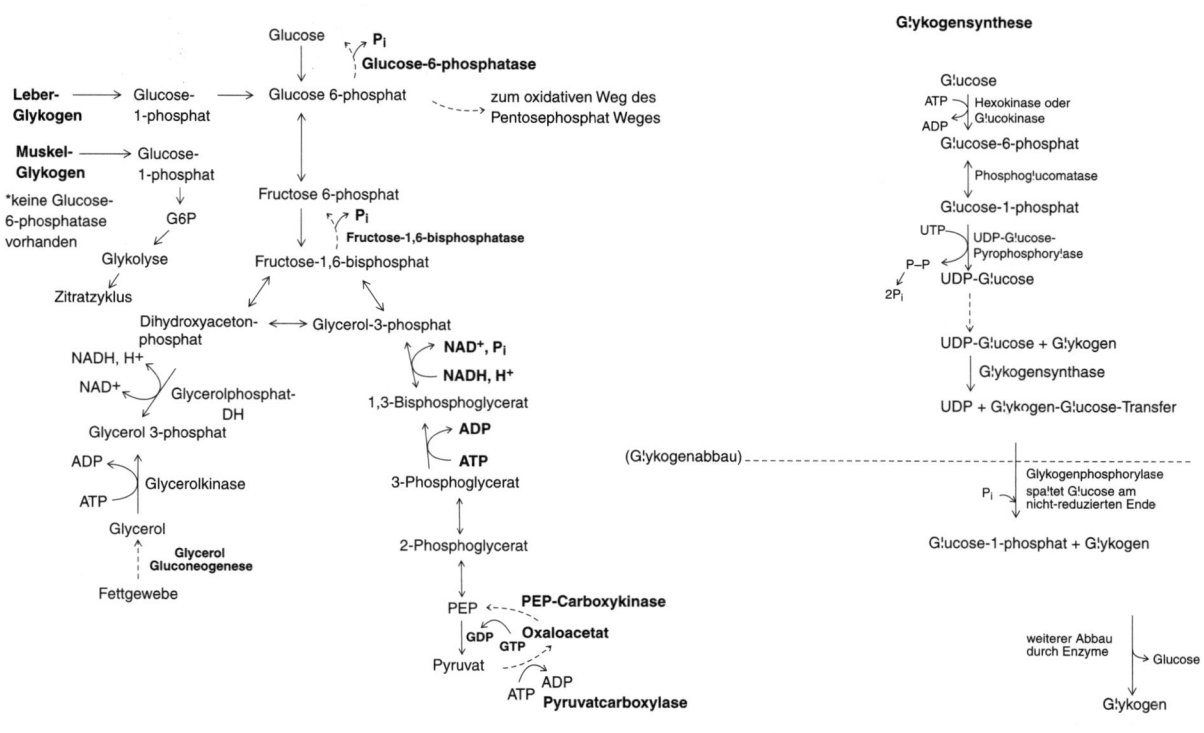

Gluconeogenese (*Unterschiede zur Glykolyse sind fettgedruckt)

Glucose

P_i
Glucose-6-phosphatase

Leber-Glykogen → Glucose-1-phosphat → Glucose 6-phosphat — zum oxidativen Weg des Pentosephosphat Weges

Muskel-Glykogen → Glucose-1-phosphat

*keine Glucose-6-phosphatase vorhanden

G6P

Glykolyse

Zitratzyklus

Fructose 6-phosphat

P_i
Fructose-1,6-bisphosphatase

Fructose-1,6-bisphosphat

Dihydroxyaceton-phosphat ⟷ Glycerol-3-phosphat

NADH, H+
NAD+
Glycerolphosphat-DH
Glycerol 3-phosphat

NAD+, P_i
NADH, H+
1,3-Bisphosphoglycerat

ADP
ATP
3-Phosphoglycerat

ADP
ATP
Glycerolkinase
Glycerol

Glycerol Gluconeogenese

Fettgewebe

2-Phosphoglycerat

PEP ⟵ **PEP-Carboxykinase**
GDP GTP **Oxaloacetat**
Pyruvat
ATP ADP
Pyruvatcarboxylase

Glykogensynthese

Glucose
ATP ⟍ Hexokinase oder
ADP ⟋ Glucokinase
Glucose-6-phosphat
Phosphoglucomatase
Glucose-1-phosphat
UTP ⟍ UDP-Glucose-Pyrophosphorylase
P–P
2P_i
UDP-Glucose

UDP-Glucose + Glykogen
Glykogensynthase
UDP + Glykogen-Glucose-Transfer

(Glykogenabbau)
P_i ⟍ Glykogenphosphorylase spaltet Glucose am nicht-reduzierten Ende
Glucose-1-phosphat + Glykogen

weiterer Abbau durch Enzyme → Glucose

Glykogen

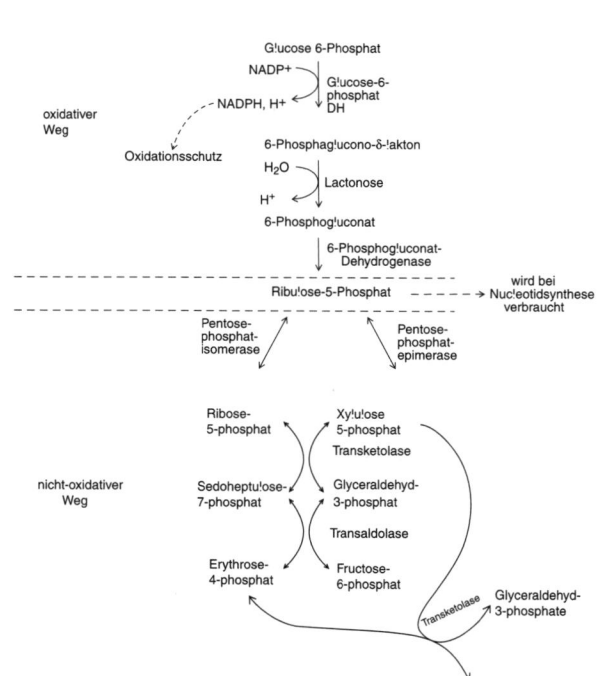

Pentosephosphatzyklus oder Hexosemonophosphatweg

Glucose 6-Phosphat
NADP+
⸺ NADPH, H+
Glucose-6-phosphat DH
oxidativer Weg
Oxidationsschutz
6-Phosphaglucono-δ-lakton
H_2O
Lactonose
H+
6-Phosphogluconat
6-Phosphogluconat-Dehydrogenase
Ribulose-5-Phosphat ⸺ → wird bei Nucleotidsynthese verbraucht
Pentose-phosphat-isomerase   Pentose-phosphat-epimerase
Ribose-5-phosphat   Xylulose-5-phosphat
Transketolase
nicht-oxidativer Weg
Sedoheptulose-7-phosphat   Glyceraldehyd-3-phosphat
Transaldolase
Erythrose-4-phosphat   Fructose-6-phosphat
Transketolase   Glyceraldehyd-3-phosphate
Fructose-6-phosphat

Regulation von Glykogen-Synthase und -Phosphorylase

dephosphoryliert | phosphoryliert
ATP   ADP
Proteinkinase
Glykogen-synthase aktiviert   Glykogen-synthase nicht aktiviert
Proteinphosphatase
P_i

ATP   ADP
Proteinkinase
Glykogen-phosphorylase nicht aktiviert   Glykogen-phosphorylase aktiviert
Proteinphosphatase
P_i

⇒ Glykogenphosphorylase muss phosphoryliert werden, um aktiviert zu sein

Polyol-Zyklus

D-Glucose
Aldose-Reduktase ⟍ NADPH, H+
→ NADP+
D-Sorbitol
Sorbitol-DH ⟍ NAD+
→ NADP, H+

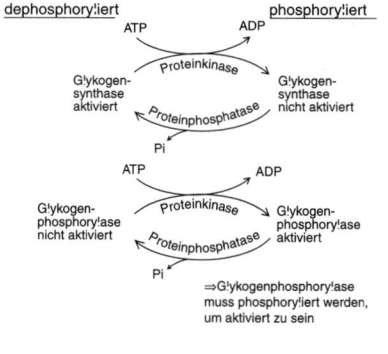

D-Fructose

4.3 Fettsäuren und Triglyzeride

- Fettsäuren sind unverzweigte Kohlenwasserstoffe mit einer Carboxy-Gruppe am Ende:
  - gesättigte Fettsäuren: Kohlenstoffe sind über Einzelbindungen miteinander verknüpft
  - einfach ungesättigte Fettsäuren: nur eine einzelne C-C-Doppelbindung liegt vor
  - mehrfach ungesättigte Fettsäuren: enthalten mehrere C-C-Doppelbindungen
- Doppelbindungen:
  - werden als Δ^x ausgedrückt (^{x} ist eine Zahl, die den Abstand zur Carboxy-Gruppe anzeigt)
  - Δ^6 würde beschreiben, dass sich die Doppelbindung zwischen C 6 und C 7 befindet, wobei das C der Carboxygruppe als Nummer eins gezählt wird.
- Essentielle Fettsäuren müssen über die Nahrung aufgenommen werden (z.B. Linolsäure), da der Mensch nicht dazu in der Lage ist, Doppelbindungen jenseits von Δ^9 zu synthetisieren.
- Doppelbindungen erniedrigen den Schmelzpunkt einer Fettsäure.

4.3.1 Fettverdauung

- Triglyzeride werden im Darmlumen zu 2-Monoacylglyzerin und freien Fettsäuren abgebaut:
  - Absorption der Fettsäuren und anschließend Umwandlung zu Acyl-CoA
  - ebenso Absorption von Monoacylglycerin
  - Zusammensetzen der Triglyzeride in den Darmwandzellen und Einbau in Chylomikronen
- Chylomikronen enthalten Lipide (Triglyzeride, Cholesterin, Phospholipide, fettlösliche Vitamine) und Proteine:
  - Die Chylomikronen erreichen den Extrazellulärraum und wandern über die Lymphgefäße und den Ductus thoracicus zum linken Venenwinkel.
  - Im Blutgefäß werden die Chylomikronen von der LPL (Lipoproteinlipase) verwendet, das sich auf der Kapillaroberfläche befindet.
  - Triglyzeride werden zu 2-Monoacylglycerol und freien Fettsäuren hydrolysiert, damit sie auch vom Gewebe, wie zuvor im Darm, absorbiert werden können.
  - Die meisten der Triglyzeride werden im Fettgewebe gespeichert. Die Vorläufer der Triglyzeridsynthese im Fettgewebe sind freie Fettsäuren, die zu CoA-Thioester und Glyzerin 3-phosphat umgewandelt werden (aus Glyzerinphosphat-dehydrogenase-Reaktion, s.u.).
  - Dihydroxyaceton-phosphat aus der Glykolyse wird durch Glyzerin-phosphat-dehydrogenase zu Glyzerin 3-phosphat umgebaut.

4.3.2 Hormonelle Effekte auf das Fettgewebe

- Insulin stimuliert das Fettgewebe, um Triglyzeride zu speichern, die durch die Lipoproteinlipase aus Fettsäuren gebildet wurden.
- Noradrenalin und Adrenalin stimulieren die Hydrolyse von gespeicherten Triglyzeriden im Fettgewebe.

4.3.3 Fastenperiode

- Während einer Fastenperiode sind freie Fettsäuren aus dem Fettgewebe die Hauptenergiequelle für den Körper, da Triglyzeride einen Energiewert von 9 kcal/g haben. Glykogen hat im Vergleich dazu einen Energiewert von 4 kcal/g.
- Die β-Oxidation ist für die Oxidation von Fettsäuren zu Acetyl-CoA verantwortlich:
  - Acetyl-CoA wird weiter im Zitratzyklus oxidiert und stellt reduzierte Coenzyme für die ATP-Synthese zur Verfügung.
  - β-Oxidation findet in den Mitochondrien statt.
  - Während des Fastenzustands bildet die Leber Ketonkörper aus dem Acetyl-CoA, das bei der Metabolisierung der freien Fettsäuren entsteht.
  - Ketonkörper,, die in der Leber gebildet werden, sind unter anderem β-Hydroxybutyrat und Azetoazetat.
  - Aceton wird durch die Decarboxylierung von Acetoacetat gebildet, das meiste davon wird über die Lungen abgeatmet. Das Aceton ist für den fruchtigen Geruch der Atemluft bei Patienten mit Ketoazidose verantwortlich.
  - Ketonkörper werden während einer Fastenperiode in extrahepatischen Geweben verwendet, wenn die Blutgucosekonzentration niedrig ist.
- Fettsäuren können auch aus Acetyl-CoA synthetisiert werden, sie müssen aber zunächst aus den Mitochondrien ins Zytoplasma der Zelle transportiert werden (dieser Vorgang findet meistens in der Leber statt, wobei die überschüssigen Kohlenhydrate in Fettsäuren umgewandelt werden).

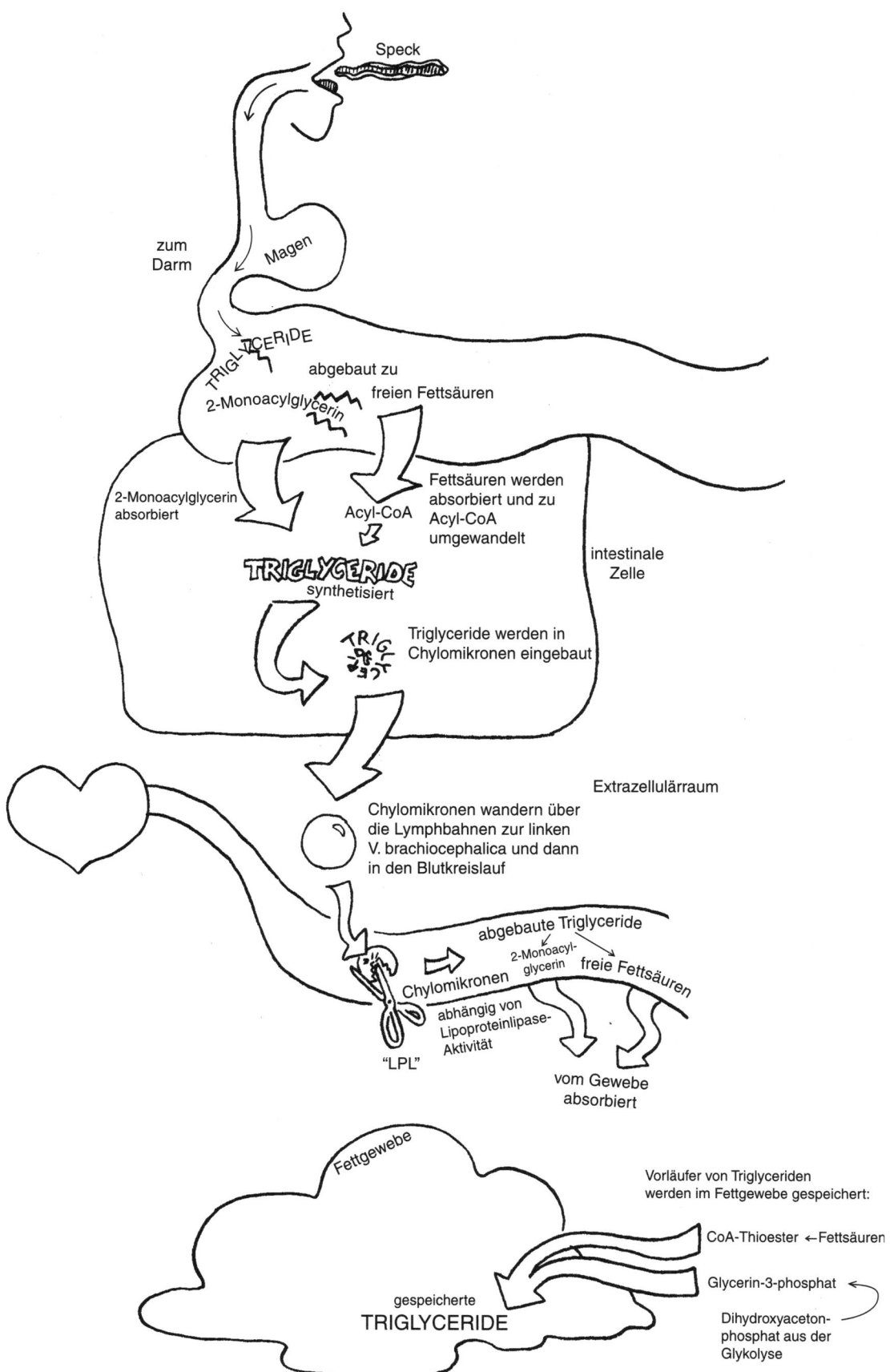

Speck

zum
Darm

Magen

TRIGLYCERIDE

2-Monoacylglycerin

abgebaut zu
freien Fettsäuren

2-Monoacylglycerin
absorbiert

Acyl-CoA

Fettsäuren werden
absorbiert und zu
Acyl-CoA
umgewandelt

intestinale
Zelle

TRIGLYCERIDE
synthetisiert

TRIGLYCERIDE

Triglyceride werden in
Chylomikronen eingebaut

Extrazellulärraum

Chylomikronen wandern über
die Lymphbahnen zur linken
V. brachiocephalica und dann
in den Blutkreislauf

abgebaute Triglyceride

2-Monoacyl-
glycerin

freie Fettsäuren

Chylomikronen

abhängig von
Lipoproteinlipase-
Aktivität

"LPL"

vom Gewebe
absorbiert

Fettgewebe

Vorläufer von Triglyceriden
werden im Fettgewebe gespeichert:

CoA-Thioester ←Fettsäuren

Glycerin-3-phosphat

gespeicherte
TRIGLYCERIDE

Dihydroxyaceton-
phosphat aus der
Glykolyse

4.4 Stoffwechsel essentieller Aminosäuren

- Die Funktionen der Aminosäuren umfassen die Ausbildung von Vorläuferprodukten bei der Synthese von Proteinen, Häm, Purinen und Pyrimidinen, zusätzlich können sie als Energiequelle genutzt werden. Melanin und Kreatinin werden ebenfalls aus Aminosäuren gebildet.

- Es gibt 20 sog. proteinogene Aminosäuren (= α-Aminosäuren), wovon 9 nicht vom Körper synthetisiert werden können und deshalb über die Nahrung aufgenommen werden müssen (sog. essentielle Aminosäuren): Valin, Leucin, Isoleucin, Phenylalanin, Threonin, Histidin, Tryptophan, Lysin und Methionin.

- Nichtessentielle proteinogene Aminosäuren sind: Glycin, Serin, Alanin, Aspartat, Glutamat, Prolin, Arginin, Cystein, Tyrosin, Asparagin und Glutamin.

- Die Abbauprodukte von Aminosäuren beinhalten Stickstoff, der in Form von Harnstoff über die Nieren ausgeschieden wird, Wasser, Kohlendioxid und stickstofffreie Stoffwechselprodukte.

  - Die meiste Aminosäuren werden in der Leber abgebaut.

  - Die abgebauten Kohlenstoffskelette der Aminosäuren werden als glukogen bezeichnet, wenn sie im Zitronensäurezyklus verwendet werden und als ketogen, wenn sie zu Acetyl-CoA umgewandelt werden.

  - Der Stickstoff, der beim Aminosäureabbau in Form von Ammoniak freigesetzt wird, ist sehr giftig. Ammoniak wird deshalb in der Leber zu ungiftigem Harnstoff umgewandelt und über die Nieren ausgeschieden.

  - Eine Leberzirrhose kann eine erhöhte Ammoniakkonzentration verursachen, die zu hepatischer Enzephalopathie führt.

  - Der Amino-Stickstoff kann auch in Form von Ammonium-Ionen zusammen mit überschüssigen Protonen, die der Körper zur Senkung des pH-Wertes im Blut entfernen muss, ausgeschieden werden.

  - Krankheiten des Aminosäureabbaus resultieren aus einem Mangel an katabolen Enzymen. Bei der Phenylketonurie (PKU) zum Beispiel, einem Mangel an Phenylalaninhydroxylase, entsteht ein Überschuss an Phenylalanin im Blut. Die Erkrankung kann mit einer phenylalaninarmen Diät therapiert werden.

essentielle Aminosäuren

"Die **v**errückte **L**aura nimmt **t**äglich **i**hre **P**sychopharmaka,

sie **l**ügt **h**äufig und **t**ritt **Max**."

verrückte ⇒ Valin
Laura ⇒ Leucin
täglich ⇒ Threonin
ihre ⇒ Isoleucin
Psychopharmaka ⇒ Phenylalanin
lügt ⇒ Lysin
häufig ⇒ Histidin
tritt ⇒ Tryptophan
Max ⇒ Methionin

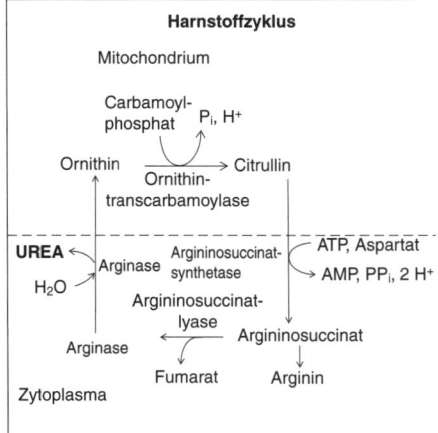

Harnstoffzyklus

Mitochondrium

Carbamoyl-
phosphat P_i, H⁺

Ornithin ────────→ Citrullin
   Ornithin-
   transcarbamoylase

UREA ←   Argininosuccinat-   ATP, Aspartat
   Arginase   synthetase   AMP, PP_i, 2 H⁺
H_2O
         Argininosuccinat-
         lyase
   Arginase   Argininosuccinat

      Fumarat   Arginin

Zytoplasma

4.5 Häm-Stoffwechsel: Synthese

- Häm ist aus Protoporphyrin und Eisen aufgebaut, das im Zentrum des Porphyrinrings als Chelat gebunden ist.
- Häm wird hauptsächlich in Knochenmark und Leber synthetisiert und in Milz und Leber abgebaut.
- Erkrankungen
  - Durch einen Mangel an Enzymen der Häm-Synthese verursachte Krankheiten nennt man Porphyrien.
  - Klinisch manifestieren sich diese Erkrankungen erst bei einer Anhäufung von Zwischenprodukten der Häm-Synthese.
  - Die Porphyria cutanea tarda zum Beispiel wird durch einen Mangel oder eine Hemmung des Enzyms Uroporphyrinogen-Decarboxylase verursacht. Hohe Eisenkonzentrationen, wie sie bei Alkoholismus oder Lebererkrankungen vorkommen können, hemmen das Enzym. Ein typisches klinisches Symptom ist die kutane Photosensibilität. Die Therapie besteht aus Vermeidung von Sonnenlicht, Alkoholabstinenz und Aderlass zur Eiseneliminierung.

Häm-Biosynthese

Succinyl-CoA + Glycin

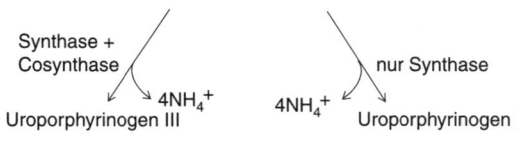

H^+

CO_2, CoA-SH ← ALA-Synthase

δ-Aminolevulinsäure (ALA)

ALA

ALA-Dehydrase

H^+, $2H_2O$ ←

Porphobilinogen

Synthase +
Cosynthase

nur Synthase

$4NH_4^+$

$4NH_4^+$

Uroporphyrinogen III

Uroporphyrinogen I

Uroporphyrinogen-
decarboxylase

$4CO_2$ ←

Coproporphyrinogen III

Coproporphyrinogen-
oxidase

Protoporphyrinogen IX

Protoporphyrinogen-
oxidase

Protoporphyrin IX

Fe^{2+} Ferrochelatase

HÄM

4.6 Häm-Stoffwechsel: Häm-Abbau

- Häm wird in der Milz zu Biliverdin (grüne Farbe) abgebaut, anschließend wird es zu Bilirubin umgewandelt (gelbe Farbe). Bilirubin wird im Blut mit Hilfe von Albumin zur Leber transportiert, in die Leber aufgenommen und zu einem Diglucuronid konjugiert. Es entsteht Bilirubin-Diglucuronid, das in die Gallengänge und später in den Darm sezerniert wird. Bilirubin-Diglucuronid wird von bakteriellen β-Glucuronidasen dekonjugiert und zu Urobilinogen reduziert (farblos). Das Urobilinogen wird einerseits zu Urobilin oxidiert (braune Farbe des Stuhls), andererseits wird es reabsorbiert und wieder in die Galle ausgeschieden. Ein Teil des Urobilinogen wird über den Urin ausgeschieden.
- Ikterus ist die Folge von erhöhtem Serum-Bilirubin (Hyperbilirubinämie).
- Unkonjugiertes Bilirubin (indirektes Bilirubin) ist fettlöslich und dadurch in der Lage ins Gehirn zu gelangen, wo es einen irreversiblen Hirnschaden (Kernikterus) verursachen kann. Ein Kernikterus entsteht, wenn die Albuminbindungskapazität durch ein zu hohes Angebot an Bilirubin im Blut erschöpft ist.
- Der physiologische Neugeborenenikterus ist die häufigste Form der unkonjugierten Hyperbilirubinämie. Meist ist er durch die unreife Leber des Neugeborenen verursacht.
- Weitere Gründe für die unkonjugierte Hyperbilirubinämie sind Hämolysen (gesteigerte Freisetzung von unkonjugiertem Bilirubin bei der Zerstörung von Erythrozyten), eine Hepatitis (das konjugierte Bilirubin ist ebenfalls erhöht), das Crigler-Najjar-Syndrom (Mangel an einem Enzym der Bilirubinkonjugation) und das idiopathische Gilbert-Meulengracht-Syndrom (meistens die milde Form).
- Die konjugierte Hyperbilirubinämie wird durch biliäre Obstruktionen, Hepatitis (unkonjugiertes Bilirubin ist ebenfalls erhöht) und das Dubin-Johnson-Syndrom (die Ausscheidung von Bilirubin-Diglucuronid ist beeinträchtigt) verursacht.

- An Albumin gebundenes, unkonjugiertes Bilirubin ist zu groß, um über die Nieren ausgeschieden zu werden. Die Nieren können aber das konjugierte (direkte) Bilirubin ausscheiden, da es wasserlöslich und nicht an Albumin gebunden ist.

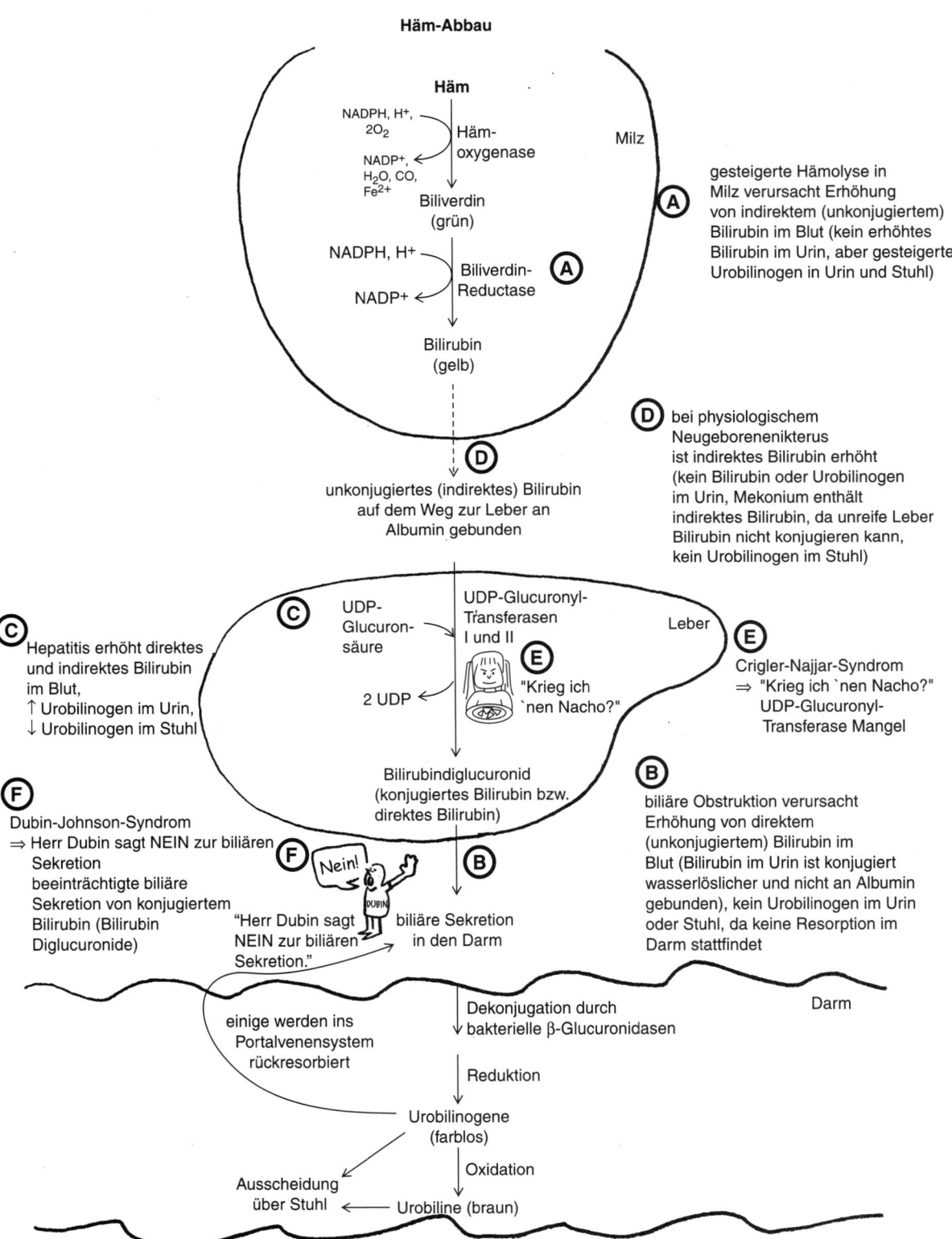

Häm-Abbau

Häm

NADPH, H⁺, 2O₂ → Häm-oxygenase → NADP⁺, H₂O, CO, Fe²⁺

Biliverdin (grün)

NADPH, H⁺ → Biliverdin-Reductase Ⓐ → NADP⁺

Bilirubin (gelb)

Milz

Ⓐ gesteigerte Hämolyse in Milz verursacht Erhöhung von indirektem (unkonjugiertem) Bilirubin im Blut (kein erhöhtes Bilirubin im Urin, aber gesteigertes Urobilinogen in Urin und Stuhl)

Ⓓ unkonjugiertes (indirektes) Bilirubin auf dem Weg zur Leber an Albumin gebunden

Ⓓ bei physiologischem Neugeborenenikterus ist indirektes Bilirubin erhöht (kein Bilirubin oder Urobilinogen im Urin, Mekonium enthält indirektes Bilirubin, da unreife Leber Bilirubin nicht konjugieren kann, kein Urobilinogen im Stuhl)

Ⓒ UDP-Glucuronsäure → UDP-Glucuronyl-Transferasen I und II Ⓔ "Krieg ich `nen Nacho?" → 2 UDP

Leber

Ⓒ Hepatitis erhöht direktes und indirektes Bilirubin im Blut, ↑ Urobilinogen im Urin, ↓ Urobilinogen im Stuhl

Ⓔ Crigler-Najjar-Syndrom ⇒ "Krieg ich `nen Nacho?" UDP-Glucuronyl-Transferase Mangel

Bilirubindiglucuronid (konjugiertes Bilirubin bzw. direktes Bilirubin)

Ⓑ biliäre Obstruktion verursacht Erhöhung von direktem (unkonjugiertem) Bilirubin im Blut (Bilirubin im Urin ist konjugiert wasserlöslicher und nicht an Albumin gebunden), kein Urobilinogen im Urin oder Stuhl, da keine Resorption im Darm stattfindet

Ⓕ Dubin-Johnson-Syndrom ⇒ Herr Dubin sagt NEIN zur biliären Sekretion beeinträchtigte biliäre Sekretion von konjugiertem Bilirubin (Bilirubin Diglucuronide)

Ⓕ Nein! "Herr Dubin sagt NEIN zur biliären Sekretion."

Ⓑ biliäre Sekretion in den Darm

Darm

einige werden ins Portalvenensystem rückresorbiert

Dekonjugation durch bakterielle β-Glucuronidasen

Reduktion

Urobilinogene (farblos)

Ausscheidung über Stuhl ← Oxidation

Urobiline (braun)

79

5 Blutplasma

- Blutplasma nennt man den Überstand an Flüssigkeit nach einer Zentrifugation, er enthält Gerinnungsfaktoren.
- Blutserum ist der Überstand an Flüssigkeit nach Zentrifugation, der keine Gerinnungsfaktoren und kein Fibrinogen enthält.
- Funktionen des Blutplasmas:
  - Aufrechterhaltung des kolloid-osmotischen Druckes
  - Bindungsproteine transportieren kleine Moleküle.
  - Gerinnungsfaktoren verhindern einen Blutverlust.
  - Antikörper bekämpfen Infektionen.
  - Proteaseinhibitoren helfen dabei, Entzündungsprozesse zu regulieren.

5.1 Plasmaproteine

- Die meisten Plasmaproteine werden von der Leber sezerniert.
- Immunglobuline werden von Plasmazellen produziert.
- **Präalbumin:**
  - transportiert Thyroxin in Form von TBP (Thyroxin-Bindungsprotein)
  - transportiert als RBP (Retinol-Bindungsprotein) Retinol aus der Leber zu den extrahepatischen Geweben
- **Albumin:**
  - Sein großes Molekulargewicht (66.000) verhindert die Albuminausscheidung durch Sekretion in den Nierenglomeruli.
  - Es wird von der Leber produziert.
  - Eine der Hauptfunktionen des Albumins stellt die Aufrechterhaltung des kolloidosmotischen Druckes im Plasma dar (zieht die Flüssigkeit zurück ins Blutgefäß), dadurch wird eine Ödembildung verhindert.
  - Albumin bindet auch kleine Moleküle, wie Medikamente oder Calcium.
  - Medikamente sind nur als ungebundene Form wirksam, daher können bei Patienten mit einer Hypalbuminämie schon übliche Dosierungen eines Medikaments zu Vergiftungserscheinungen führen.
  - Bei Patienten mit einer Hypalbuminämie können auch „normale" Calciumkonzentrationen schon zu einer Hypercalziämie führen.

- α_1-**Globuline:**
  - Bei einem angeborenen Mangel an α_1-Antiprotease (= α_1-Antitrypsin) kommt es aufgrund übermäßiger proteolytischer Aktivität ungehemmter Proteasen zur frühen Entstehung eines Lungenemphysems. Das α_1-Antitrypsin wird durch Zigarettenrauch inaktiviert.
  - Retinol-Bindungsprotein
  - Das Thyroxin-Bindungsglobulin ist das Transportprotein für Thyroxin.
  - Transkortin ist das Bindungsprotein für Glucocorticoide.
  - Das α-Fetoprotein wird in der fetalen Leber und bei Erwachsenen mit hepatozellulärem Carcinom produziert, es kann auch beim Fetus zur Diagnostik von Neuralrohrdefekten genutzt werden.
- α_2-**Globuline:**
  - Coeruloplasmin
  - Das α_2-Makroglobulin bindet verschiedene Proteasen.
  - Haptoglobin bindet das Hämoglobin nach einer intravaskulären Hämolyse von Erythrozyten, es ist unter Hämolysebedingungen vermindert, da der Hämoglobin-Haptoglobin-Komplex von retikuloendothelialen Zellen abgebaut wird.
- β-**Globuline:**
  - Fibrinogen
  - Transferrin
  - Hämopexin bindet Häm und Hämatin (das zweiwertige Eisen des Häm wird zu dreiwertigem Eisen oxidiert)
- γ-**Globuline:**
  - Immunglobuline
  - C-reaktives Protein
- **Akutphase-Proteine:**
  - steigen bei akuten Entzündungen innerhalb von zwei Tagen an
  - umfassen Haptoglobin, α_1-Antiprotease, Fibrinogen, C-reaktives-Protein und Coeruloplasmin

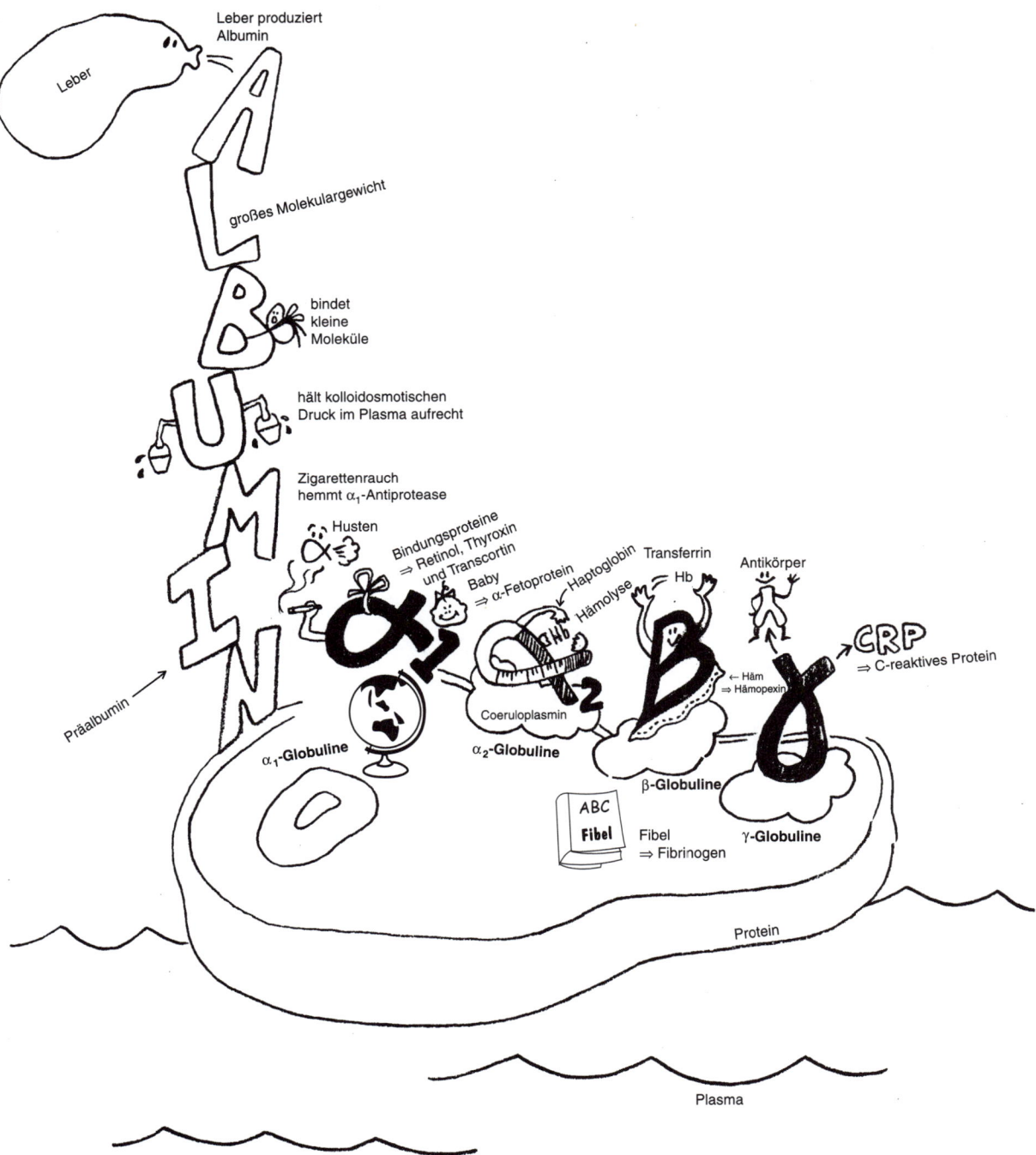

5.2 Serumenzyme

- **Plasmacholinesterase:**
  - wird von der Leber sezerniert
  - ist am Metabolismus von Medikamenten beteiligt (z. B. Kokain und Succinylcholin)
  - ist bei einer Vergiftung durch Organophosphate vermindert
- **alkalische Phosphatase** und **saure Phosphatase:**
  - Die alkalische Phosphatase wird im Knochen, Darm, hepatobiliären System und der Plazenta gebildet.
  - Im Knochen wird sie von den Osteoblasten hergestellt, aus diesem Grund ist sie bei Erkrankungen mit erhöhter osteoblastischer Aktivität erhöht (z. B. Knochenmetastasen, Hyperparathyreodismus, Osteomalazie, Rachitis und heilende Frakturen).
  - Die saure Phosphatase entsteht hauptsächlich in der Prostata und hat außer als Tumormarker für Metastasen von Prostatakarzinomen wenig klinische Relevanz.
- **ALT** (Alanin-Transaminase) und **AST** (Aspartat-Transaminase):
  - ALT und AST sind am Aminosäurestoffwechsel beteiligt
  - Unter normalen Umständen werden sie nicht aus der Leber freigesetzt, erst bei einer Schädigung von Hepatozyten gelangen sie in den Blutkreislauf.
  - Aus diesem Grund sind sie hilfreich bei der Diagnostik von Lebererkrankungen, wie viraler Hepatitis oder alkoholischer Lebererkrankung.
- **CK** (Kreatinkinase, besitzt drei Isoenzyme):
  - CK-M: M-Untereinheiten („muscle") findet man im Skelettmuskel
  - CK-B: B-Untereinheiten („brain") findet man im Gehirn
  - CK-MB: M- und B-Untereinheiten findet man in der Myokardmuskulatur, CK-MB ist bei der Diagnostik eines akuten Herzinfarkts nützlich.
  - Die CK allgemein ist hilfreich bei der Diagnose von Muskelerkrankungen oder Muskelverletzungen.
- **LDH** (Laktatdehydrogenase):
  - LDH findet man in allen Geweben.
  - Sie nimmt an der anaeroben Glykolyse teil.
  - Die Blutkonzentration ist bei vielen Erkrankungen erhöht.
- **Lipase** und **Amylase:**
  - werden im Pankreas produziert
  - sind an der Verdauung beteiligt
  - sind bei einer akuten Pankreatitis erhöht

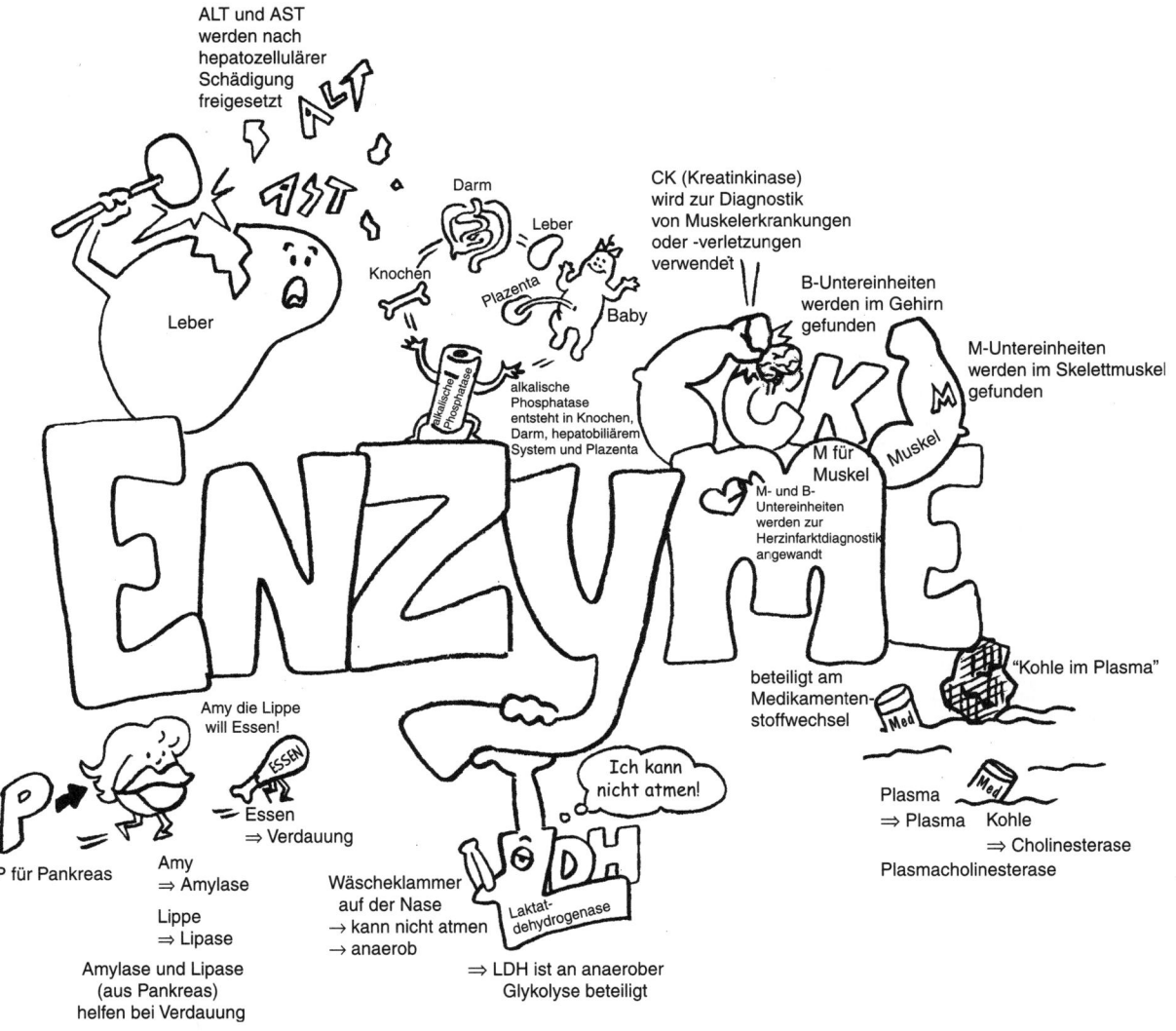

ALT und AST werden nach hepatozellulärer Schädigung freigesetzt

ALT
AST

Darm

Leber

Knochen

Plazenta

Baby

Leber

alkalische Phosphatase

alkalische Phosphatase entsteht in Knochen, Darm, hepatobiliärem System und Plazenta

CK (Kreatinkinase) wird zur Diagnostik von Muskelerkrankungen oder -verletzungen verwendet

B-Untereinheiten werden im Gehirn gefunden

M-Untereinheiten werden im Skelettmuskel gefunden

CK

M für Muskel

Muskel

M- und B-Untereinheiten werden zur Herzinfarktdiagnostik angewandt

ENZYME

beteiligt am Medikamentenstoffwechsel

"Kohle im Plasma"

Amy die Lippe will Essen!

Ich kann nicht atmen!

Plasma
⇒ Plasma   Kohle
⇒ Cholinesterase
Plasmacholinesterase

P

ESSEN

Essen
⇒ Verdauung

LDH

Laktatdehydrogenase

P für Pankreas

Amy
⇒ Amylase

Lippe
⇒ Lipase

Amylase und Lipase (aus Pankreas) helfen bei Verdauung

Wäscheklammer auf der Nase
→ kann nicht atmen
→ anaerob

⇒ LDH ist an anaerober Glykolyse beteiligt

5.3 Immunglobuline

- Immunglobuline werden auch als Antikörper bezeichnet und in den Plasmazellen produziert.
- Ein Antikörper bindet nichtkovalent das Antigen eines fremden Moleküls und bildet damit einen Antigen-Antikörper-Komplex.
- Um eine Antikörperbildung hervorrufen zu können muss ein Antigen fremd sein und eine bestimmte Größe haben (Ausnahme: Autoimmunerkrankungen, bei denen Antikörper gegen den eigenen Körper gebildet werden).
- Was passiert, nachdem ein Antigen-Antikörper-Komplex gebildet wurde?
  - Phagozytose des Komplexes durch Makrophagen
  - Endozytose durch retikuloendotheliale Zellen
  - Lyse durch das Komplementsystem

5.3.1 Immunglobulinstruktur

- Y-förmig
- Aufbau aus zwei leichten und zwei schweren Ketten
- **schwere Ketten:**
  - Sie bestehen aus vier kugelförmigen Domänen, wobei die erste eine variable Domäne darstellt (Amino-Ende des Proteinfadens), die zweite, dritte und vierte Domäne dagegen immer gleich aufgebaut sind (konstante Domänen).
  - Zwischen der zweiten und der dritten Domäne befindet sich eine Gelenkregion.
  - Zwischen den beiden schweren Ketten des Immunglobulins befinden sich Disulfidbindungen.
- **leichte Ketten:**
  - Sie besteht aus zwei Domänen, wobei die erste variabel und die zweite konstant ist.
  - Man unterscheidet zwei Arten von leichten Ketten: κ (kappa) und λ (lambda).
  - Immunglobuline enthalten entweder zwei κ- oder zwei λ-Ketten, aber niemals nur je eine der beiden Ketten.
- Die hypervariable Region der variablen Domäne sowohl leichter als auch schwerer Ketten ist für den größten Teil der Immunglobulinvariabilität verantwortlich.

5.3.2 Funktion

- Antigenbindung wird durch das Fab-Fragment (Amino-Ende einer schweren und leichten Kette) des Immunglobulins vermittelt
- Effektorfunktionen werden durch das Fc-Fragment (Carboxy-Enden der beiden schweren Ketten) des Immunglobulins vermittelt:
  - Opsonierung (Bindung des Globulins an Effektorzellen)
  - Histaminfreisetzung aus den Mastzellen
  - Aktivierung des Komplementsystems
- Eine Agglutination findet statt, wenn jede der Antikörperbindungsstellen eines Immunglobulins mit zwei verschiedenen Antigenen beladen ist, die an zwei verschiedenen Molekülen lokalisiert sind.

Immunoglobuline (Antikörper)

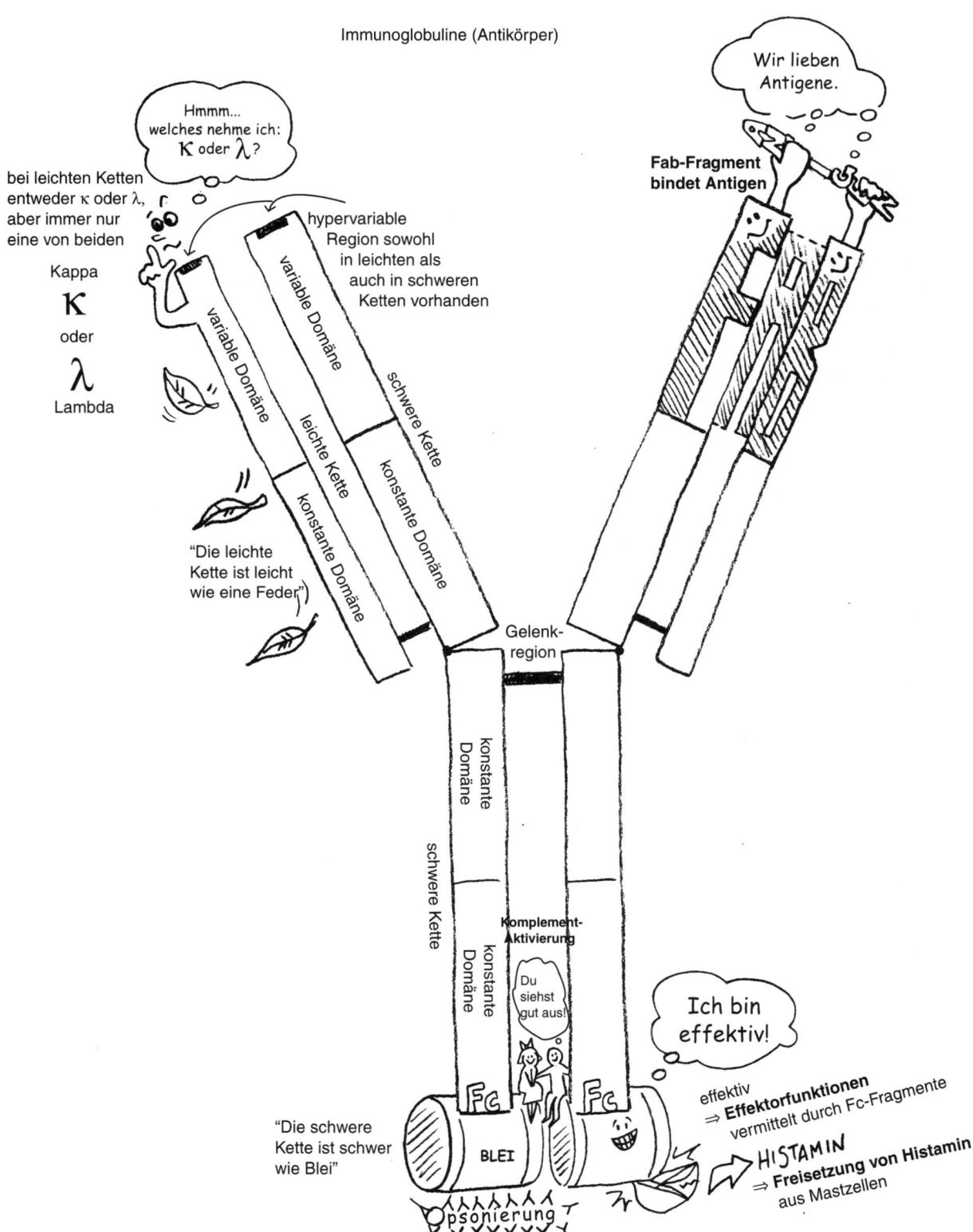

5.4 Immunglobulinklassen

Die Immunglobulinklasse wird durch seine schwere Kette festgelegt:

- **IgG** (γ-Kette) mit vier Subklassen:
  - einzige Immunglobulinklasse, die die Plazentaschranke überwinden kann
  - häufigste Immunglobulinklasse
- **IgM** (μ-Kette):
  - besitzt pentamere Form, die durch eine J-Kette verknüpft ist
  - vermittelt die frühe Immunantwort
- **IgE** (ε-Kette):
  - ist für die Auslösung allergischer Reaktionen verantwortlich
  - bewirkt durch Bindung an basophile Granulozyten und Mastzellen Histaminfreisetzung
- **IgA** (α-Kette) mit zwei Subklassen:
  - wird in Form eines Dimers sezerniert, das ein J-Kette und eine sekretorische Komponente besitzt
  - kommt in exogenen Sekreten vor (z. B. Bronchialschleim, gastrointestinale und urogenitale Sekrete, Tränen, Speichel und Muttermilch)
- **IgD** (δ-Kette):
  - stellt Marker für reife B-Zellen dar

5.4.1 Immunglobulinproduktion

- Immunglobuline auf der Oberfläche von B-Zellen sind IgM-Immunglobuline.
- Ein Klassenwechsel (vermittelt durch Lymphokine aus aktivierten T-Helferzellen) der Immunglobuline (von IgM zu IgG, IgA, IgE oder IgD) findet vor oder nach einem Antikörperkontakt statt.
- B-Zellen werden durch eine Antigenbindung oder durch T-Helferzellen aktiviert.
- Die B-Zellen differenzieren sich dann zu Plasmazellen, die spezifische Antikörper sezernieren, welche spezifisch für das zuvor gebundene Antigen sind.
- Bei der klonalen Selektion bindet ein Antigen nur an die B-Zellen mit einem passenden Antikörper auf ihrer Oberfläche. Daraufhin entwickelt sich eine Antikörper produzierende Plasmazelle.

5.4.2 Erkrankungen

- Plasmazellendyskrasie: eine einzelne Plasmazellenlinie proliferiert abnormal
- Makroglobulinämie Waldenström:
  - Überproduktion von IgM
  - verursacht Anstieg der Blutviskosität
- Multiples Myelom:
  - Überproduktion von IgG, IgA oder den leichten Ketten (κ oder λ)
  - Im Urin gefundene leichte Ketten nennt man auch Bence-Jones-Proteine.
  - Die Erkrankung manifestiert sich im Knochenmark und führt zu Schmerzen, Frakturen sowie röntgenologisch darstellbaren Veränderungen.
- Agammaglobulinämie: komplettes Fehlen von Immunglobulinen aufgrund fehlerhafter B-Zellen

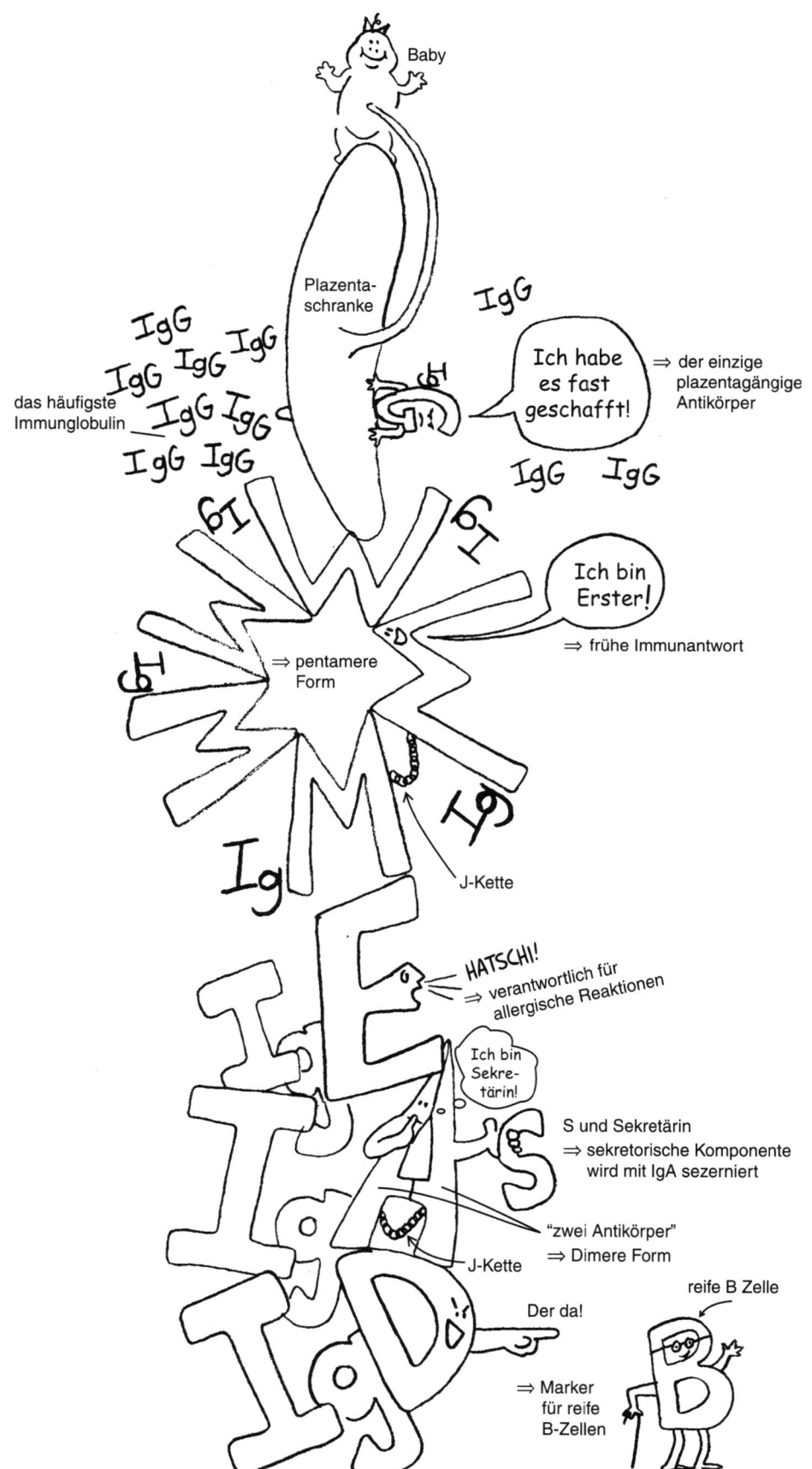

5.5 Blutgerinnung

5.5.1 Ablauf der Gerinnungskaskade

- Das intakte Endothel hemmt die Adhäsion von Thrombozyten (durch die Bildung von Prostacyclin).
- Eine Schädigung der endothelialen Oberfläche setzt subendotheliales Gewebe frei, das bei Kontakt mit dem Blut Thrombozyten bindet.
- Thrombozyten binden an das subendotheliale Gewebe (Thrombozytenadhäsion), dieser Vorgang wird durch den Willebrand-Faktor vermittelt.
- Nach einer Aktivierung der Thrombozyten werden Fibrinogenrezeptoren freigelegt.
- Die Fibrinogenbrücken verbinden die Thrombozyten miteinander.
- Es findet eine Aggregation von Thrombozyten statt, wodurch ein Verschlusspfropfen entsteht.
- Die Thrombozyten setzen Proteine wie z. B. Faktor V, Faktor VIII, PDGF, Thrombozytenfaktor IV und Thromboxan frei.
- Bei größeren Läsionen findet die irreversible Ausbildung eines Fibrinthrombus statt (Fibrin entsteht aus dem reversibel gebundenen Fibrinogen).
- Thrombin (Protease) wandelt Fibrinogen zu Fibrin um:
  - Prothrombin ist die Vorstufe des Thrombins.
  - Prothrombin bindet an die Oberfläche der aktivierten Thrombozyten.
  - Prothrombin wird auf der Oberfläche von aktivierten Thrombozyten durch Faktor Xa gespalten.
  - Thrombin bindet an Fibrin, das im Fibrinnetzwerk eingearbeitet ist, und fährt mit seiner enzymatischen Aktivität fort.
  - Thrombin besitzt auch Wirkung auf die Faktoren V, VIII und XIII.
- Es erfolgt eine kovalente Vernetzung des Fibrins, die von Transglutaminase (wird auch als Faktor XIIIa bezeichnet) vermittelt wird (der kleine Buchstabe „a" steht für aktiviert).
- Die Vorgänge ausgehend von Faktor Xa bis hin zur Fibrinbildung stellen den gemeinsamen Weg der Blutgerinnung dar.
- Der Faktor X wird über einen extrinsischen oder einen intrinsischen Weg aktiviert.

5.5.2 Extrinsischer und intrinsischer Weg

- **Extrinsischer Weg:**
  - Er findet beim Kontakt mit subendothelialem Gewebe statt, welches TF (engl.: tissue factor) aufweist.
  - TF und Calcium sind zur Aktivierung von Faktor VII nötig, der wiederum die Faktoren X und IX des intrinsischen Weges aktiviert.
- **Intrinsischer Weg:**
  - Er wird im Labor ohne das Vorhandensein von extrinsischem Gewebe ausgelöst, findet aber auch im Körper statt.
  - Er wird durch den Kontakt mit einer negativ geladenen Oberfläche aktiviert.
  - Er schließt die Proteasen Kallikrein und Faktor XIIa ein: Kallikrein aktiviert Faktor XII, der aktivierte Faktor XIIa bewirkt, dass aus Präkallikrein Kallikrein gebildet wird.
  - Zusätzlich ist das HMWK (engl.: high-molecular weight kininogen) beteiligt, das zusammen mit Faktor XIIa den Faktor XI aktiviert (dieser wird auch durch Thrombin und Faktor XIa aktiviert).
  - Der Faktor XIa aktiviert Faktor IX, Faktor IXa wiederum aktiviert zusammen mit Faktor VIIIa den Faktor X.

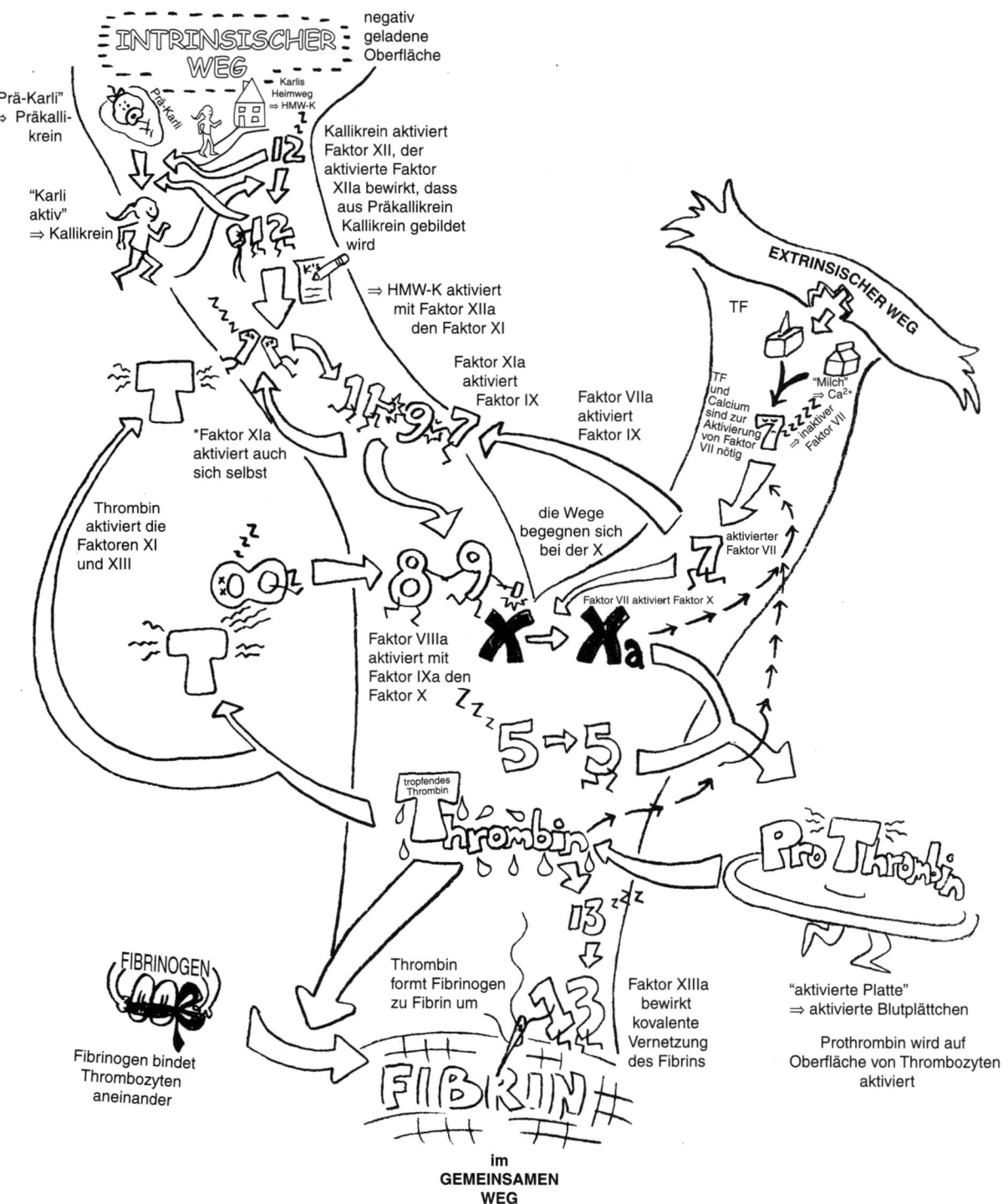

5.6 Gerinnungshemmung

- Hemmung der Thrombusbildung durch Proteaseinhibitoren wie z.B. Antithrombin III:
  - Antithrombin III wird durch Heparin aktiviert.
  - Es hemmt die meisten Proteasen des intrinsischen und des gemeinsamen Weges.
- Gerinnungshemmung durch Thrombomodulin:
  - Es findet sich auf der Oberfläche endothelialer Zellen.
  - Es bindet das im Blut zirkulierende Thrombin.
  - Der Thrombomodulin-Thrombin-Komplex aktiviert Protein C.
  - Protein C baut die Faktoren Va und VIIIa ab.
- Abbau des Fibringerinnsels:
  - Plasminogen bindet an das Fibringerinnsel (bzw. baut das Fibrin ab) und wird dabei durch tPA (engl.: tissue-type plasminogen activator) in Plasmin umgewandelt.
  - Urokinase baut ebenfalls Plasminogen zu Plasmin um.
  - Streptokinase aktiviert Plasminogen durch eine Konformationsänderung und nicht durch eine Umwandlung zu Plasmin.

5.6.1 Antikoagulantien

- Heparin:
  - Es aktiviert Antithrombin III.
  - Aktivierung erfolgt aufgrund seiner mangelnden intestinalen Aufnahme nur bei parenteraler Heparingabe
- Vitamin-K-Antagonisten (z.B. Warfarin):
  - Sie hemmen kompetitiv Vitamin K, dadurch wird die Bildung von γ-Carboxyglutamat während der Umsetzung der Faktoren II, VII, IX und X verhindert.
  - Die Halbwertszeiten der Gerinnungsfaktoren betragen 1 bis 5 Tage, daher sind mindestens 3 Behandlungstage nötig, um eine effektive Gerinnungshemmung auszulösen.
  - Eine Überdosierung von Vitamin-K-Antagonisten therapiert man mit einer intravenösen Vitamin-K-Injektion.

5.6.2 Gerinnungstests

- Die Blutungszeit ist bei thrombozytären Erkrankungen verlängert.
- Die Prothrombinzeit misst die Funktion des extrinsischen und des gemeinsamen Weges, man verwendet sie zur Überwachung von Patienten mit Warfarin-Therapie.
- Die aPTT (aktivierte partielle Thromboplastinzeit) misst die Funktion des intrinsischen und des gemeinsamen Weges, man verwendet sie zur Überwachung von Patienten mit Heparin-Therapie.

Thrombomodulin vermittelt die Gerinnungshemmung

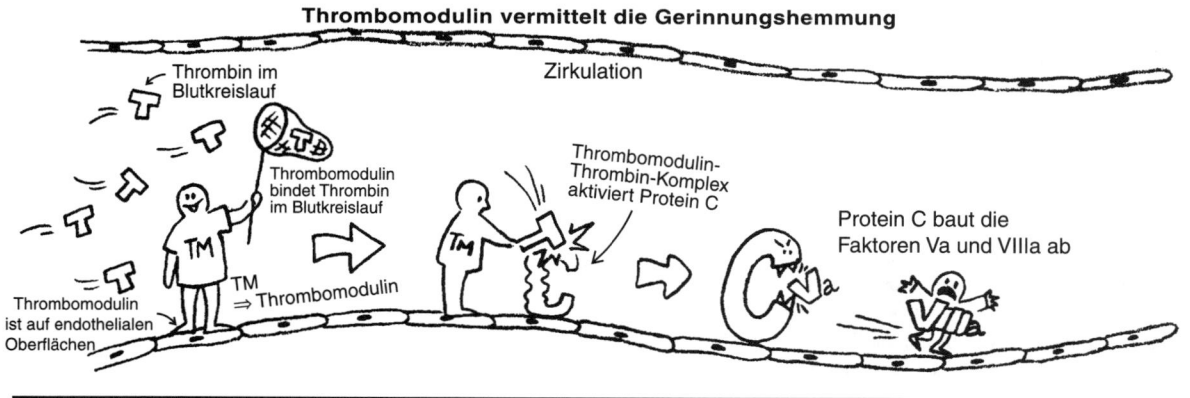

Thrombin im Blutkreislauf

Zirkulation

Thrombomodulin bindet Thrombin im Blutkreislauf

Thrombomodulin-Thrombin-Komplex aktiviert Protein C

Protein C baut die Faktoren Va und VIIIa ab

Thrombomodulin ist auf endothelialen Oberflächen

TM ⇒ Thrombomodulin

Antikoagulantien

Heparin

AUA!

HAUT

HEPARIN

Gabe des Heparins nur parenteral aufgrund mangelnder intestinaler Aufnahme

aktiviert Antithrombin III

Antithrombin III hemmt die meisten Proteasen des intrinsischen und des gemeinsamen Weges

intrinsischer Weg

Antithrombin III

gemeinsamer Weg

PROTEASEN

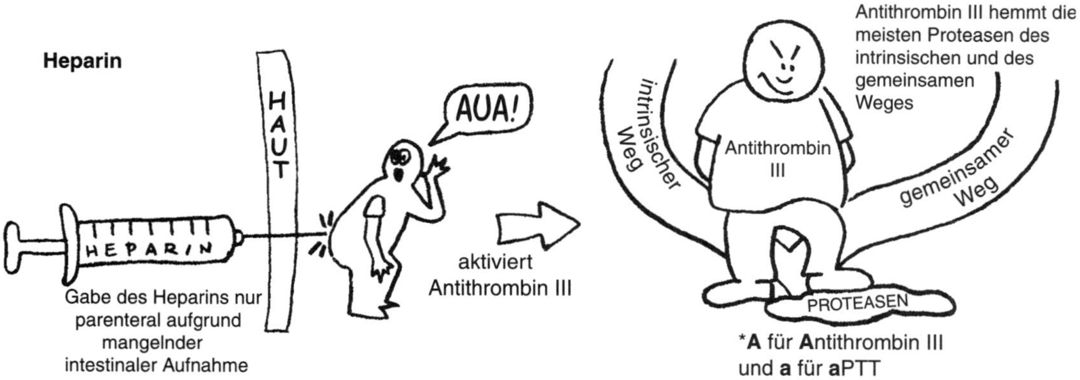

A für **A**ntithrombin III und **a** für **a**PTT zur Therapiekontrolle von Patienten mit Heparineinnahme

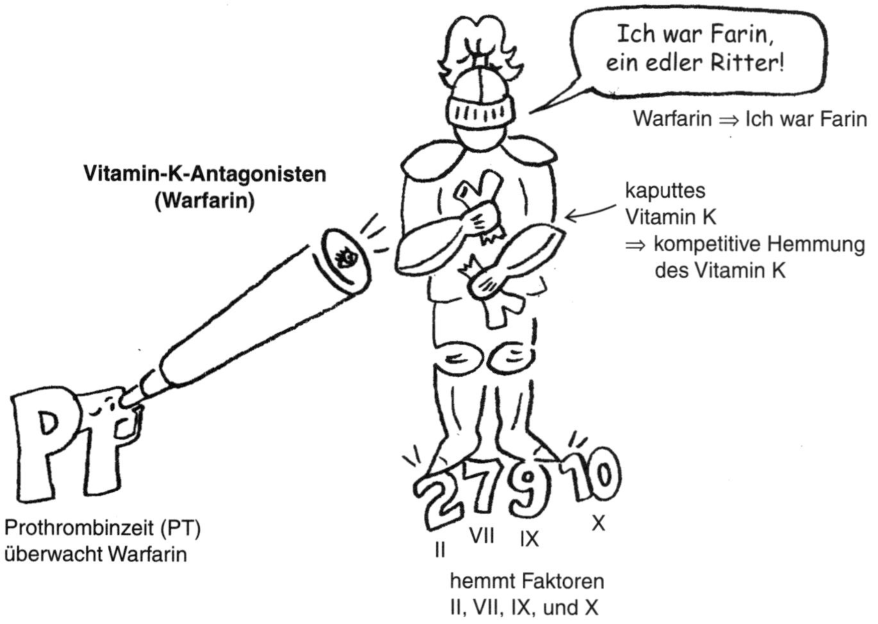

Ich war Farin, ein edler Ritter!

Warfarin ⇒ Ich war Farin

Vitamin-K-Antagonisten (Warfarin)

kaputtes Vitamin K ⇒ kompetitive Hemmung des Vitamin K

PT

Prothrombinzeit (PT) überwacht Warfarin

2 7 9 10

II VII IX X

hemmt Faktoren II, VII, IX, und X

5.7 Gerinnungsstörungen

- Hämophilie A:
  - Vererbung x-chromosomal
  - Mangel an Faktor VIII (intrinsischer Weg)
  - führt zu spontanen Blutungen
- Hämophilie B:
  - Mangel an Faktor IX
- Willebrand-Krankheit:
  - Vererbung autosomal-dominant
  - Mangel an Willebrand-Faktor
  - Thrombozytenadhäsion ist beeinträchtigt
  - zusätzlicher Mangel an Faktor VIII, der im Blutkreislauf
    an den Willebrand-Faktor gebunden ist

Hämophilie A

x-förmiger Mund
⇒ **x**-chromosomale Vererbung

"Das **A aß** Faktor VIII"

⇒"Nimm Dich in Acht (**Faktor VIII**) vor dem A (**Hämophilie A**)!"

Hämophilie B

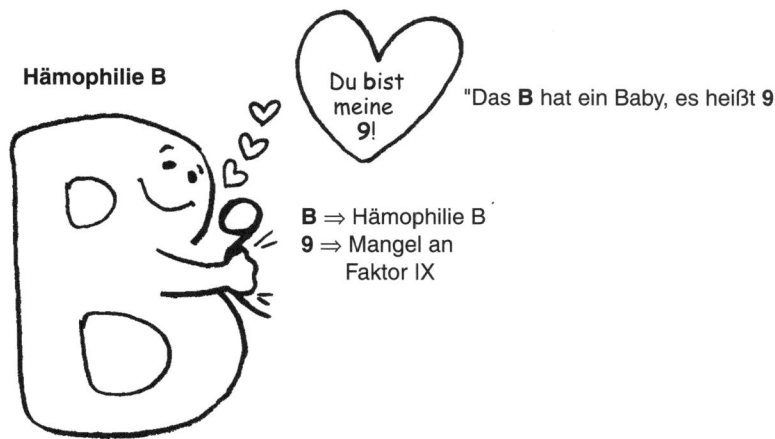

Du bist meine **9**!

"Das **B** hat ein Baby, es heißt **9**"

B ⇒ Hämophilie B
9 ⇒ Mangel an Faktor IX

Willebrand-Krankheit

Ich bin dominant!

Mangel an Willebrand-Faktor

← Schallplatte

gestörte Thrombozyten-/Plättchen-adhäsion (⇒ Schallplatte)

⇒ autosomal dominant

8 ⇒ zusätzlich besteht Faktor-VIII-Mangel

6 Extrazelluläre Botenstoffe

6.1 Chemische Signale

- **Endokrine Signale:** Die Hormone werden in einer endokrinen Drüse gebildet und über das Blut zum Zielgewebe transportiert, wo sie eine Reaktion hervorrufen.
- **Parakrine Signale:** Die Botenstoffe werden in einem bestimmten Gewebe gebildet und breiten sich im selben Gewebe aus, um dort eine Reaktion hervorzurufen.
- **Autokrine Signale:** Die Botenstoffe werden in einer Zelle gebildet und rufen in derselben Zelle eine Reaktion hervor.

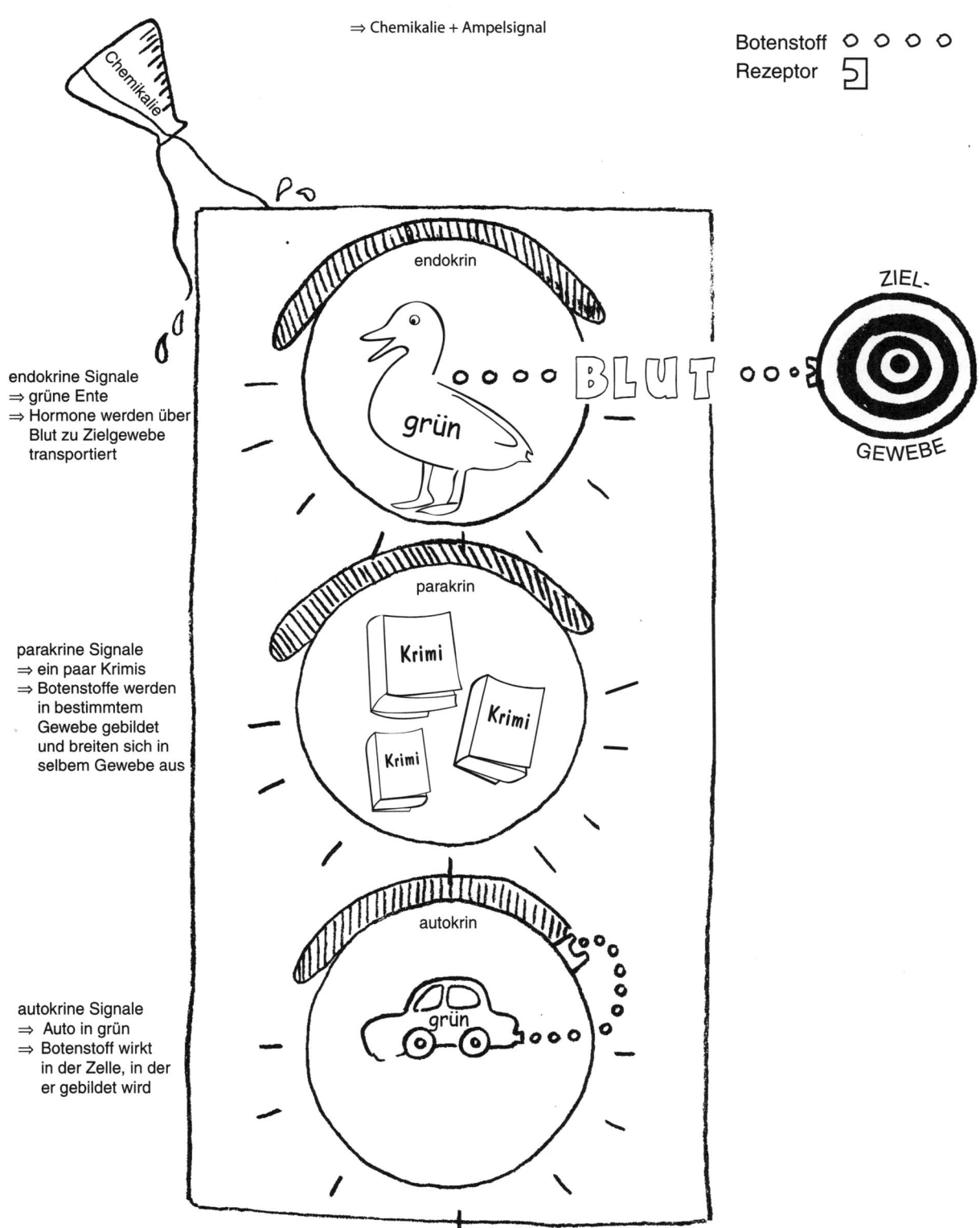

⇒ Chemikalie + Ampelsignal

Botenstoff ○ ○ ○ ○
Rezeptor ⧘

endokrine Signale
⇒ grüne Ente
⇒ Hormone werden über
Blut zu Zielgewebe
transportiert

parakrine Signale
⇒ ein paar Krimis
⇒ Botenstoffe werden
in bestimmtem
Gewebe gebildet
und breiten sich in
selbem Gewebe aus

autokrine Signale
⇒ Auto in grün
⇒ Botenstoff wirkt
in der Zelle, in der
er gebildet wird

6.2 Steroidhormone

- Cholesterin stellt die Vorstufe aller Steroidhormone dar.
- **21-C-Steroide:** Progesteron, Aldosteron und Cortisol
- **19-C-Steroide:** Androgene und Östrogenvorstufen
- **18-C-Steroide:** Östrogene
- Hydroxybutyl-Reaktionen leiten Sauerstoff-Funktionen bei der Steroidhormon-Synthese ein. Cytochrom P-450 ist ein Zwischenträger für Elektronen in diesen Reaktionen.
- Dihydrotestosteron ist potenter als seine Vorstufe Testosteron.

Steroidklasse	Stimulation durch	Sekretion durch	Beispiel
Gestagene	LH	Corpus luteum, Plazenta	Progesteron
Mineralkortikoide	ACTH, Angiotensin II	Nebennierenrinde (Zona glomerulosa)	Aldosteron
Glucokortikoide	ACTH	Nebennierenrinde (Zona fasciculata)	Cortisol
Androgene	LH, ACTH	Leydig-Zellen, Nebennierenrinde (Zzona reticularis)	Testosteron
Östrogene	FSH	Ovarialfollikel	Estradiol

ACTH = adrenocorticotropes Hormon

LH = luteinisierendes Hormon → Linkshänder

Progesteron → „Gestern war ich oben"

Testosteron → Test

Mineralkortikoide → Mineralien = Steine

Angiotensin II → Angie spielt Tennis

Aldosteron → Aldi-Stereoanlage

Glucocorticoide → die Glucke Korti

Cortisol → Korti ist solo

FSH = follikelstimulierendes Hormon → Fisch

Östradiol → Österreicherin

- CRH (Corticotropin-Releasing-Hormon) stammt aus dem Hypothalamus und stimuliert die ACTH-Freisetzung aus dem Hypophysenvorderlappen.
- ACTH s
- stimuliert die Cholesterin-Desmolase, welche die Synthese von Steroidhormonen in der Nebennierenrinde steigert.
- Cortisol vermittelt eine negative Rückkoppelung, wobei erhöhte Cortisolwerte die Sekretion von CRH und ACTH hemmen.

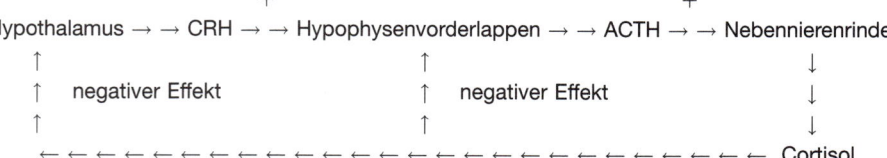

96

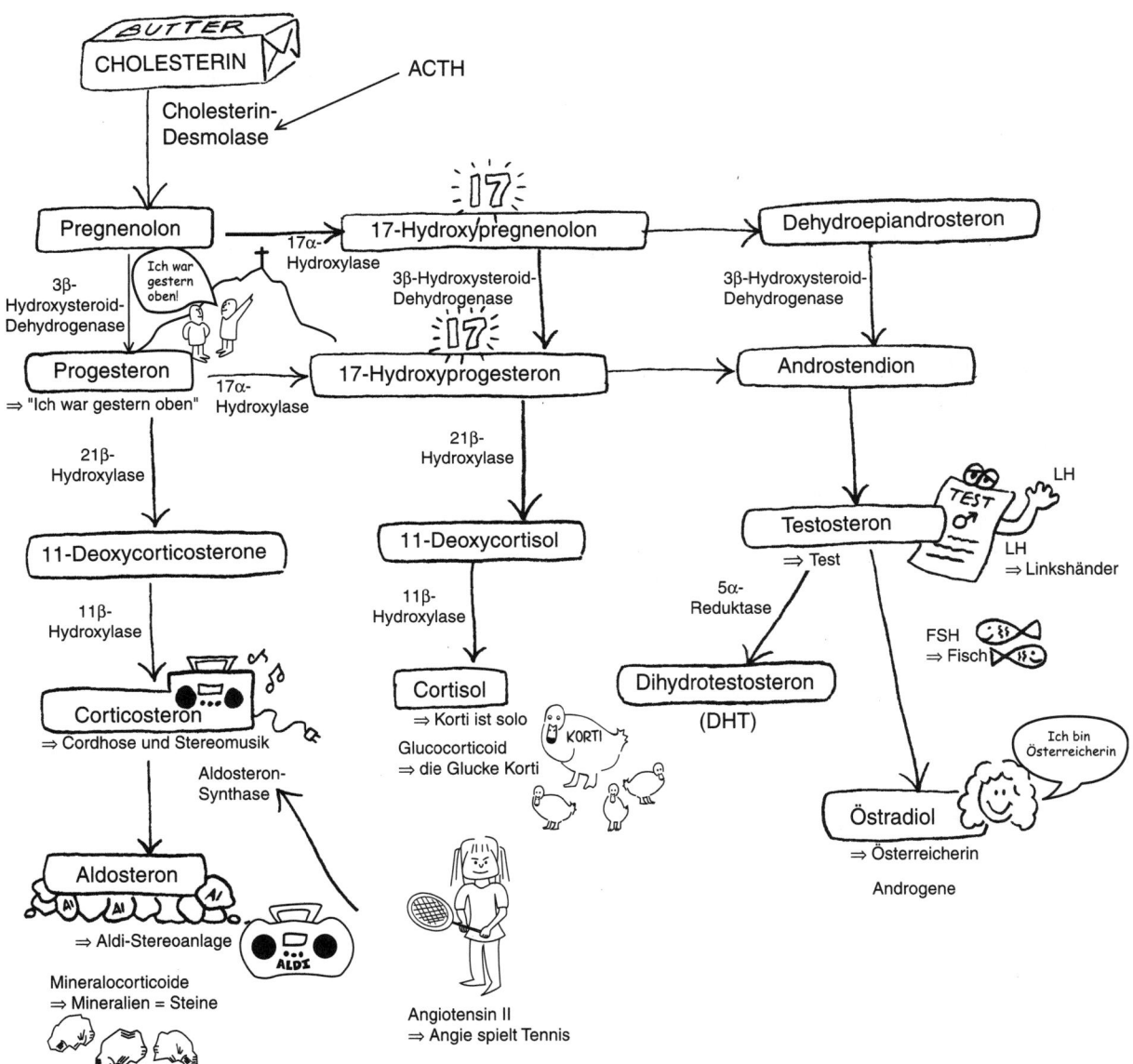

6.3 Biogene Amine

- Katecholamine, Serotonin und Histamin bezeichnet man als als biogene Amine.
- Biogene Amine sind wasserlöslich, sie werden in Vesikeln gespeichert und über Exozytose freigesetzt.
- Sie werden aus aromatischen Aminen gebildet.

6.3.1 Katecholamine

- Zu den Katecholaminen zählen **Dopamin, Noradrenalin** und **Adrenalin.**
  Katecholamine → Katze + Cola + NH_3
- Dopamin → „Das Dope ist mein!"
- Katecholamine werden aus Tyrosin gebildet.
  Tyrosin → Rose
  - Tyrosin-Hydroxylase verwandelt L-Tyrosin in L-Dopa (bedeutendster Schritt des Stoffwechselweges)
    L-Dopa → gedoped
- Die Dopaminsynthese findet im Zytoplasma statt, wohingegen die Synthese von Noradrenalin und Adrenalin in Speichergranula stattfindet.
  - Dopaminerge Neurone beinhalten nur Tyrosin-Hydroxylase und Dopa-Decarboxylase. Das Nebennierenmark enthält sämtliche Enzyme, die für diesen Vorgang nötig sind.
  - MAO (Monoaminoxidase) und COMT (Catechol-O-Methyltransferase) sind Enzyme, die Katecholamine inaktivieren.
    MAO → Katze sagt „mao"
  - Dopamin wird zu Homovanillinsäure metabolisiert und über den Urin ausgeschieden.
  - Noradrenalin und Adrenalin werden zu Vanillinmandelsäure metabolisiert und über den Urin ausgeschieden.
    Vanillinmandelsäure → Vanilleeis und Mandelkuchen

6.3.2 Serotonin (5-Hydroxytryptamin, 5-HT)

Serotonin → Sir ÓTonin

- Serotonin wird aus Tryptophan synthetisiert
  Tryprophan → Fahne
- Die Synthese findet in den enterochromafinen Zellen von Neuronen (ZNS), Lungen, Magen-Darm-Trakt und Thrombozyten statt.
  Enterochromafin → Finne aus Chrom
- Ausschließlich MAO inaktiviert Serotonin.

6.3.3 Histamin

- Histamin wird von basophilen Granulozyten und Mastzellen bei allergischen Reaktionen sezerniert.
- Histamin wird aus Histidin gebildet.

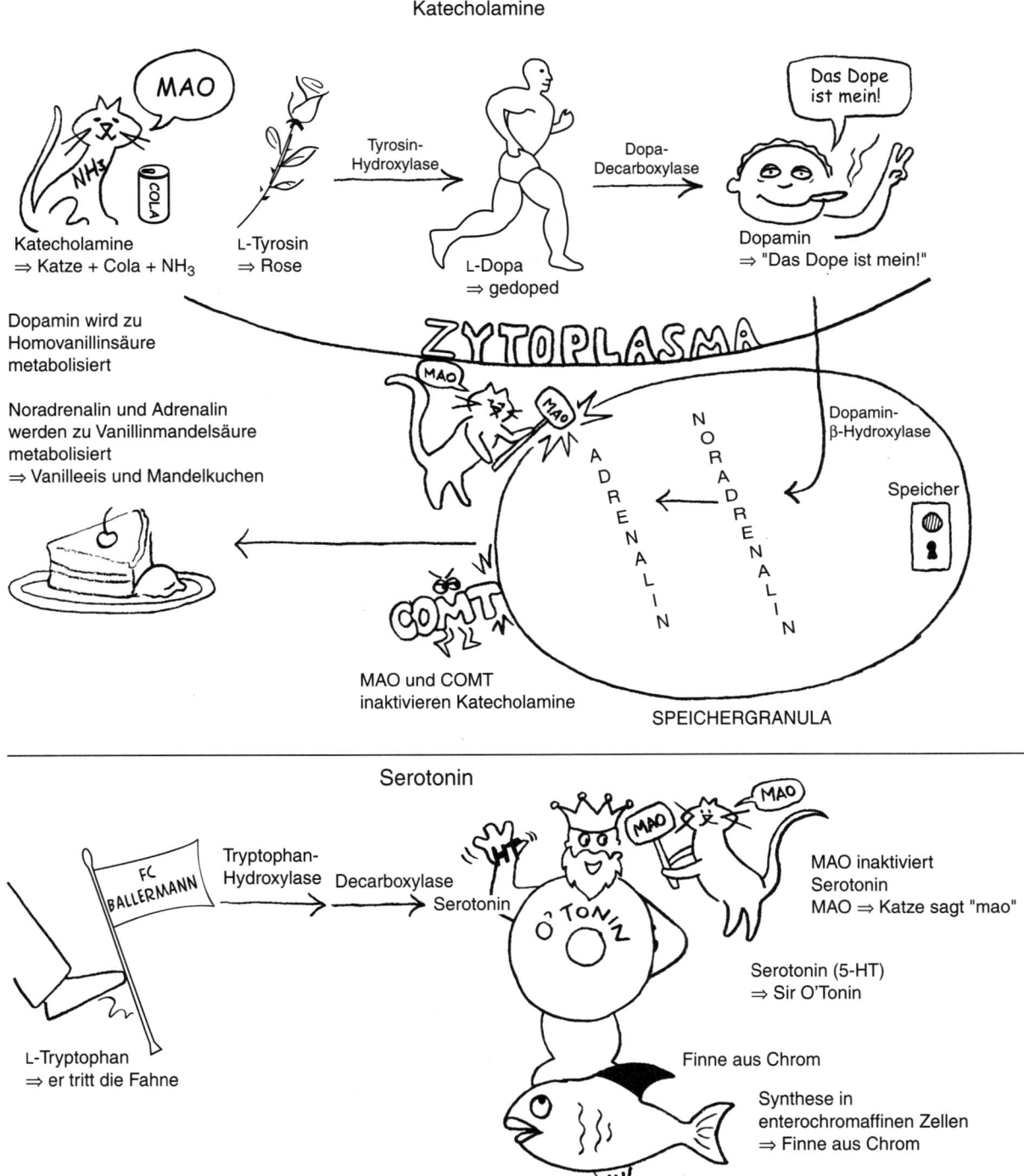

Katecholamine

Katecholamine
⇒ Katze + Cola + NH₃

L-Tyrosin
⇒ Rose

Tyrosin-Hydroxylase

L-Dopa
⇒ gedoped

Dopa-Decarboxylase

Das Dope ist mein!

Dopamin
⇒ "Das Dope ist mein!"

Dopamin wird zu Homovanillinsäure metabolisiert

Noradrenalin und Adrenalin werden zu Vanillinmandelsäure metabolisiert
⇒ Vanilleeis und Mandelkuchen

ZYTOPLASMA

Dopamin-β-Hydroxylase

Speicher

MAO und COMT inaktivieren Katecholamine

SPEICHERGRANULA

Serotonin

FC BALLERMANN

Tryptophan-Hydroxylase

Decarboxylase

Serotonin

MAO inaktiviert Serotonin
MAO ⇒ Katze sagt "mao"

Serotonin (5-HT)
⇒ Sir O'Tonin

L-Tryptophan
⇒ er tritt die Fahne

Finne aus Chrom

Synthese in enterochromaffinen Zellen
⇒ Finne aus Chrom

99

6.4 Acetylcholin

Acetylcholin → am See

- Acetylcholin ist der Neurotransmitter von neuromuskulären Kontaktstellen (Synapsen). Diese Synapsen befinden sich zwischen α-Motoneuronen und den Skelettmuskelfasern.
  skelettale Muskelfaser → Muskelmann
- Funktion von Acetylcholin:
  1. Acetylcholin wird in den präsynaptischen Nervenzellen durch das Enzym Cholin-Acetyltransferase aus Acetyl-CoA und Cholin gebildet.
  2. Acetylcholin wird in synaptische Vesikeln verpackt.
  3. Bei einer Depolarisation der Membran öffnet sich ein spannungsabhängiger Calciumkanal. Calcium gelangt in die Zelle und bewirkt dort die Exozytose von Acetylcholin.
  4. Acetylcholin diffundiert durch den synaptischen Spalt und bindet an den Rezeptoren der postsynaptischen Membran von Muskelfasern.
  5. Acetylcholin wird durch die Acetylcholinesterase zu Acetat und Cholin abgebaut und die postsynaptische Membran wird repolarisiert. Diese Abbauprodukte werden in die präsynaptischen Nervenendigung zurücktransportiert, wo sie schließlich wieder zu Acetylcholin zusammengesetzt werden.
- Botulinustoxin hemmt die Freisetzung von Acetylcholin, was zu einer schlaffen Paralyse führt.
  schlaffe Paralyse → Roboter
- Organophosphate hemmen die Acetylcholinesterase irreversibel.
  Organophosphate → Blume (organisch) + PO_4 (Phosphat)
- Curare blockiert Acetylcholinrezeptoren, was zu einer schlaffen Paralyse führt.
  Curare → kurieren

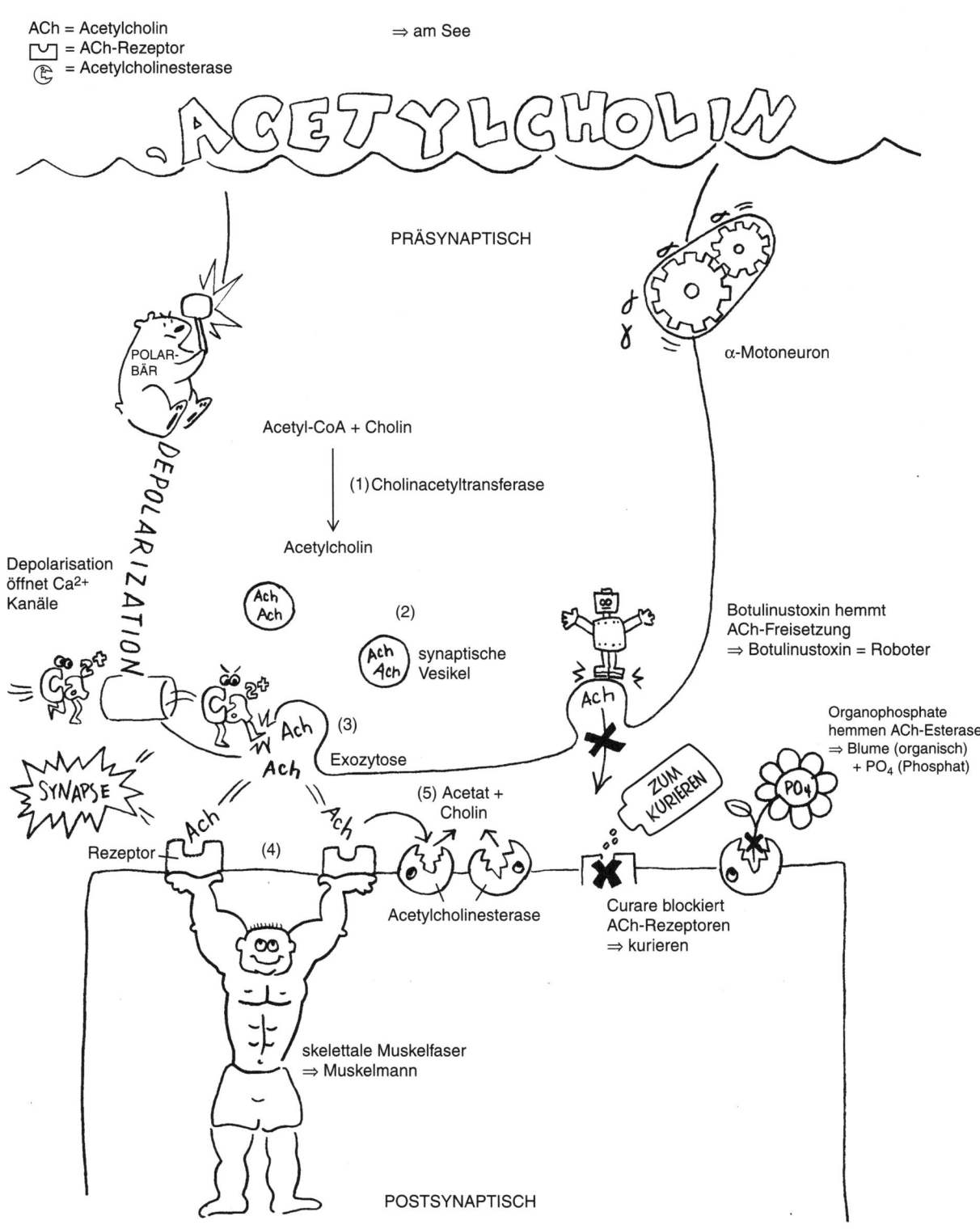

ACh = Acetylcholin
= ACh-Rezeptor
= Acetylcholinesterase

⇒ am See

ACETYLCHOLIN

PRÄSYNAPTISCH

α-Motoneuron

POLAR-
BÄR

DEPOLARIZATION

Acetyl-CoA + Cholin

(1) Cholinacetyltransferase

Acetylcholin

Depolarisation
öffnet Ca²⁺
Kanäle

Ach
Ach

(2)

Ach
Ach

synaptische
Vesikel

Botulinustoxin hemmt
ACh-Freisetzung
⇒ Botulinustoxin = Roboter

Ach

Organophosphate
hemmen ACh-Esterase
⇒ Blume (organisch)
+ PO₄ (Phosphat)

Ach

(3)

Exozytose

ZUM
KURIEREN

PO₄

SYNAPSE

Ach

Ach

(5) Acetat +
Cholin

Rezeptor

(4)

Acetylcholinesterase

Curare blockiert
ACh-Rezeptoren
⇒ kurieren

skelettale Muskelfaser
⇒ Muskelmann

POSTSYNAPTISCH

6.5 Biogene Amine als Neurotransmitter

Biogene Amine → NH$_3$

- Biogene Amine umfassen Katecholamine (Dopamin, Noradrenalin, Adrenalin) und Serotonin (5-HT).
  1. Biogene Amine sind in synaptische Vesikel verpackt.
  2. Calcium bewirkt Exozytose mit Membrandepolarisation und Öffnung von Calcium-Kanälen.
  3. Eine hochaffine Na$^+$-abhängige Aufnahme der Amine in die präsynaptischen Nervenendigung beendet die synaptische Aktivität.
  4. Der Neurotransmitter kann wieder in synaptische Vesikel verpackt oder von Monoaminoxidase (MAO) abgebaut werden.

     MAO → Die Katze sagt „mao"
- Kokain hemmt die Aufnahme von Dopamin, Noradrenalin und Serotonin.

  Kokain → Coke und Bein
- Reserpin hemmt die Aufnahme von Katecholaminen und Serotonin in die Vesikel.

  Reserpin → reserviert
- Amphetamine setzen zytoplasmatisches (nichtvesikuläres) Dopamin, Noradrenalin und Serotonin frei.
- Andere Aminosäuren und Peptide wirken als Neurotransmitter. Glutamat, Aspartat, GABA, Glycin (hemmend), Enkephaline und Substanz P sind Beispiele dafür.

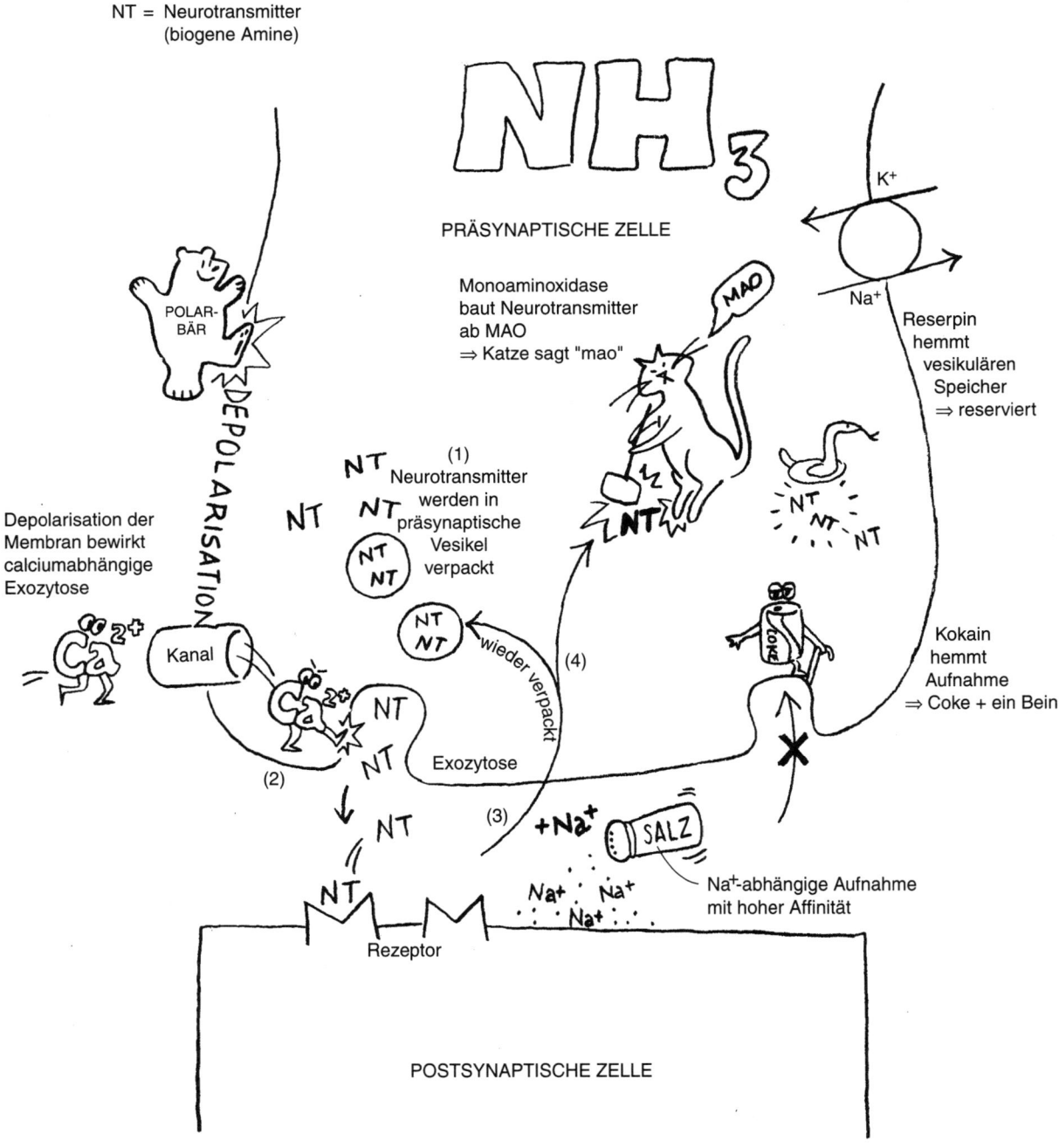

⇒ NH₃

NT = Neurotransmitter
(biogene Amine)

PRÄSYNAPTISCHE ZELLE

Monoaminoxidase
baut Neurotransmitter
ab MAO
⇒ Katze sagt "mao"

POLAR-
BÄR

DEPOLARISATION

Depolarisation der
Membran bewirkt
calciumabhängige
Exozytose

(1)
Neurotransmitter
werden in
präsynaptische
Vesikel
verpackt

NT NT
NT NT
NT

Kanal

Ca²⁺

wieder verpackt

(4)

Reserpin
hemmt
vesikulären
Speicher
⇒ reserviert

Kokain
hemmt
Aufnahme
⇒ Coke + ein Bein

(2)

NT
NT
NT

Exozytose

(3) +Na⁺

SALZ

Na⁺   Na⁺
Na⁺

Na⁺-abhängige Aufnahme
mit hoher Affinität

NT

Rezeptor

POSTSYNAPTISCHE ZELLE

6.6 GABA (γ-Amino-n-Buttersäure)

GABA → ich will Kaba!

- GABA ist ein hemmender Neurotransmitter.
  1. Glutamatdecarboxylase baut Glutamat zu GABA um.
  2. GABA ist in Vesikel verpackt und wird durch Ca^{2+}-abhängige Exozytose freigesetzt.
  3. GABA wird durch eine hochaffine Na^{2+}-abhängige Wiederaufnahme in präsynaptische Nervenendigungen zurücktransportiert und wieder in Vesikeln gespeichert oder weiter umgewandelt.
  4. Die GABA-Transaminase baut GABA in ein inaktives Succinyl-Semialdehyd um.

     GABA-Transaminase → GABA-Transrapid
- Benzodiazepine sensibilisieren die GABA-A-Rezeptoren, damit diese einen sedativen und antikonvulsiven Effekt auslösen.

  Benzodiazepin→ Benz zwischen Pinien

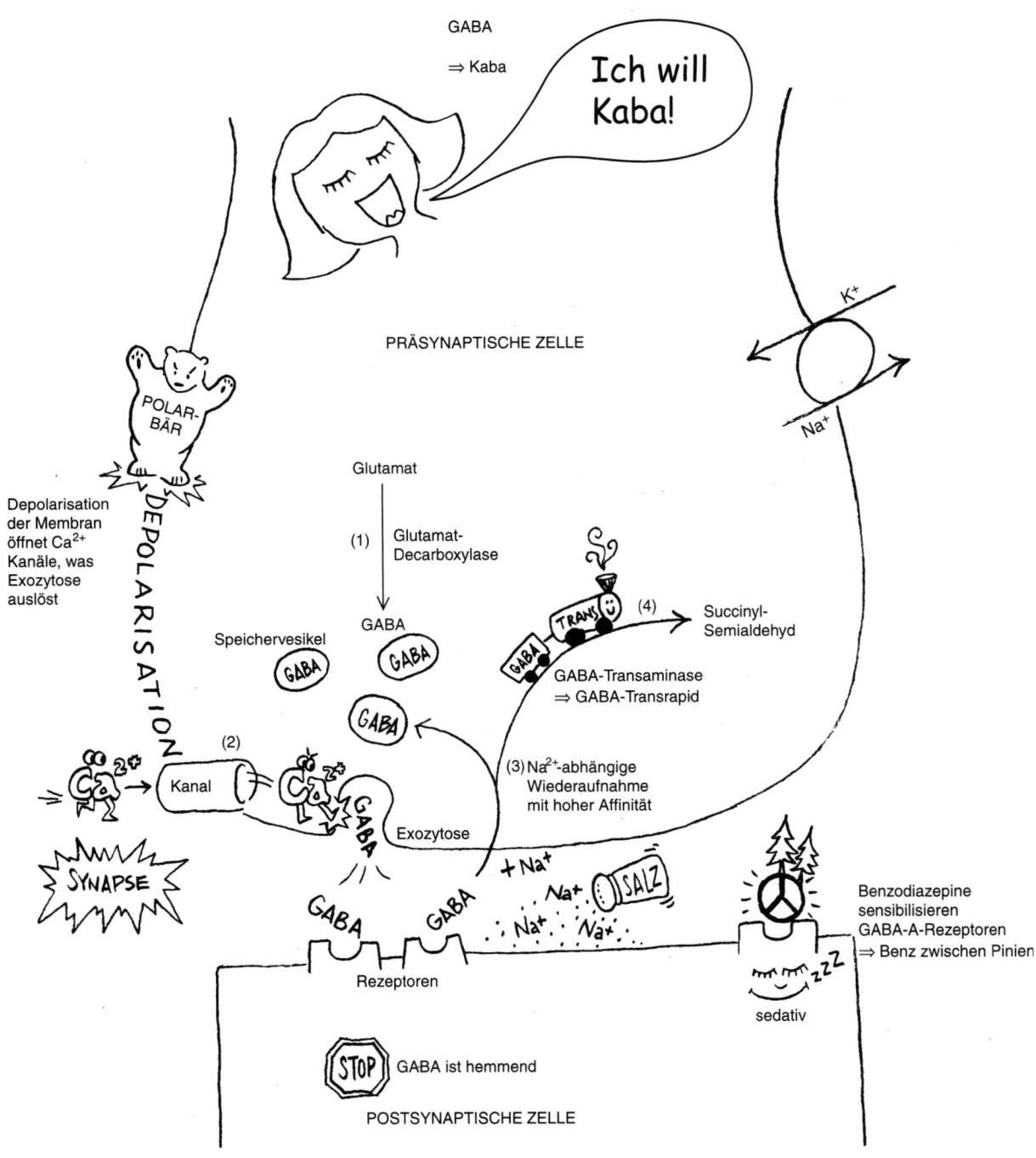

6.7 Schilddrüsenhormone

- Schilddrüsenhormone werden ausschließlich von der Schilddrüse produziert.
- Die Synthese von Schilddrüsenhormonen wird durch Thyreotropin (TSH) stimuliert.
- TSH wird aus dem Hypophysenvorderlappen freigesetzt und stimuliert alle Schritte der Schilddrüsenhormon-Synthese.
  Hypophysenvorderlappen → Füße mit Lappen
  1. Die Iodid-Pumpe ist in den Follikelzellen der Schilddrüse lokalisiert und transportiert Iodid-Ionen (I^-) in die Follikelzellen.
     → Follikelzellen = volle Zelle
  2. Thyreoglobulin (TG) besitzt Tyrosin-Seitenketten, die mit Ribosomen verbunden sind. Thyreoglobulin wird in das Lumen von Schilddrüsen-Follikelzellen sezerniert.
     → Tyrosin-Seitenketten = TG mit Rosen an der Seite
  3. Thyroperoxidase oxidiert I^- zur reaktiven Form I_2.
     → Peroxid
  4. Die Organifikation von I_2 wird auch durch die Thyroperoxidase vermittelt. Die Thyrosin-Seitenketten des Thyroglobulins reagieren mit I_2, um Monojodthyrosin (MIT) und Dijodthyrosin (DIT) zu bilden.
     → MIT = ein Finger
     → DIT = zwei Finger
  5. Thyroxin (T_4) wird aus zwei DIT gebildet, Trijodtyronin (T_3) wird aus einem MIT und zwei DIT gebildet.
  6. Iodiertes Tyroglobulin wird durch Pinozytose zurück in die follikulären Zellen transportiert und T_3 bzw. T_4 werden durch lysosomale Proteasen in den Blutkreislauf freigesetzt.
  7. Die verbleibenden MIT und DIT werden von der Thyroid-Dejodinase dejodiert, das I_2 wird wiederverwendet.
  8. Das Thyroxin-Bindungsprotein (TBG) bindet im Blut T_3 und T_4.
     → TBG, T_3 und T_4 halten sich die Hände.
  9. Im Zielgewebe wird T_4 zu T_3 oder reversem T_3 umgewandelt (rT_3)
- T_3 wirkt ungefähr viermal stärker als T_4.

TSH stimuliert Synthese
von Schilddrüsenhormonen

TSH wird aus
Hypophysenvorderlappen
freigesetzt
⇒ Füße und Lappen

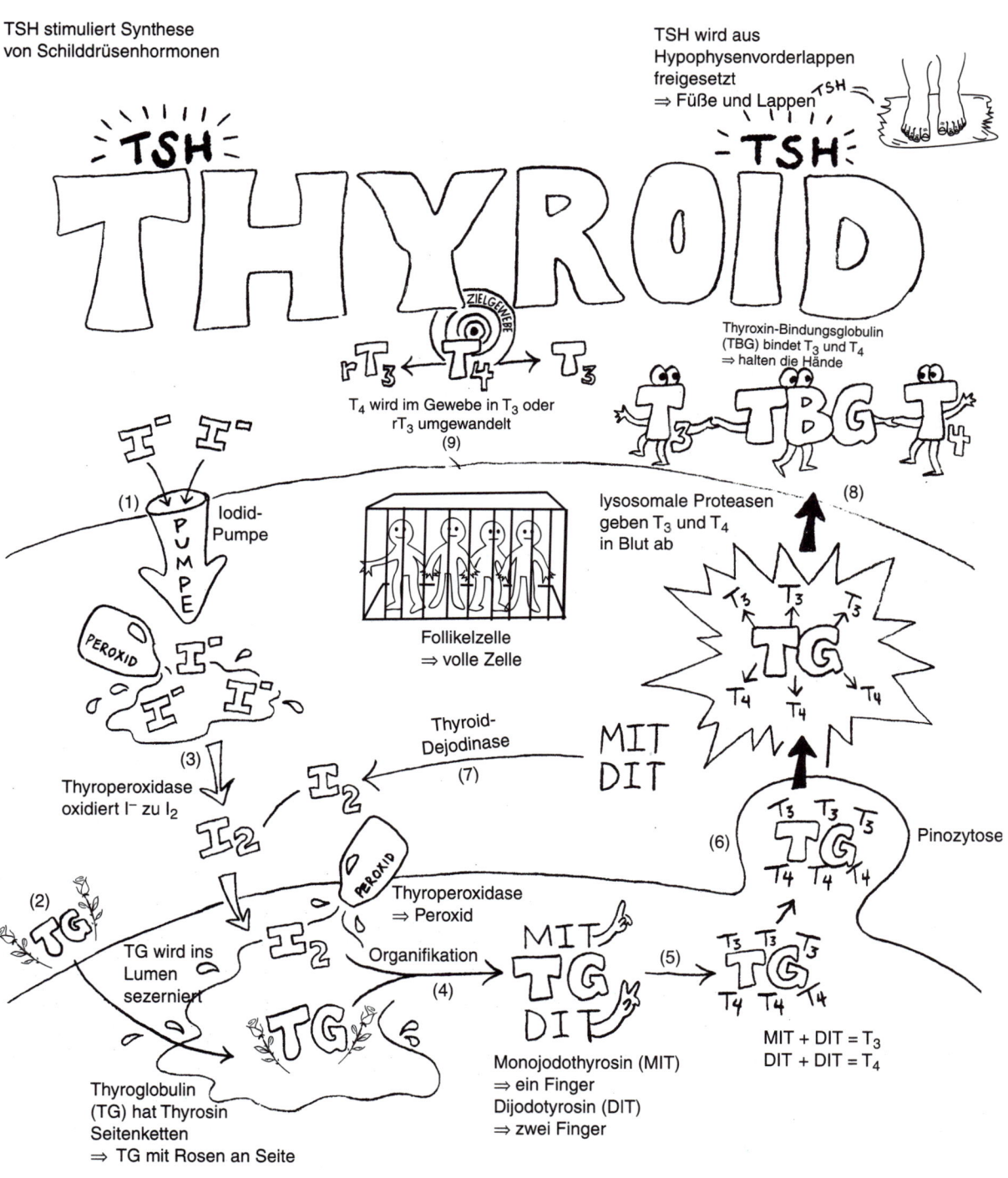

T4 wird im Gewebe in T3 oder
rT3 umgewandelt
(9)

Thyroxin-Bindungsglobulin
(TBG) bindet T3 und T4
⇒ halten die Hände

(1) Iodid-Pumpe

Follikelzelle
⇒ volle Zelle

lysosomale Proteasen
geben T3 und T4
in Blut ab

Thyroid-Dejodinase
(7)

(3) Thyroperoxidase
oxidiert I⁻ zu I2

Thyroperoxidase
⇒ Peroxid

(6) Pinozytose

(2) TG wird ins
Lumen
sezerniert

Organifikation
(4)

(5)

MIT + DIT = T3
DIT + DIT = T4

Thyroglobulin
(TG) hat Thyrosin
Seitenketten
⇒ TG mit Rosen an Seite

Monojodothyrosin (MIT)
⇒ ein Finger
Dijodotyrosin (DIT)
⇒ zwei Finger

LUMEN

6.8 Eicosanoide

- Eicosanoide sind aktive Lipide, die hauptsächlich aus Arachidonsäure, einer vierfach ungesättigten C_{20}-Polyenfettsäure, gebildet werden.
- Eicosanoide umfassen Prostaglandine, Thromboxane und Leukotriene.
- Eicosanoide wirken als parakrine und autokrine Botenstoffe, die von allen Zellen, außer von Erythrozyten und Lymphozyten, produziert werden.
- Arachidonsäure wird aus Phosphoglyzeriden der Zellmembran, wie Phospholipase A_2, Phospholipase C oder Diglyzeridlipase freigesetzt.
- Es existieren zwei Wege, um aus Arachidonsäure Eicosanoide zu bilden: der Cyclooxygenase-Weg und der Lipoxygenase-Weg.

6.8.1 Cyclooxygenase-Weg

- bildet Prostaglandin, Prostacyclin und Thromboxan
- Das wichtigste Enzym ist der Prostaglandin-Synthetase-Komplex, welcher Cyclo-Oxigenase und Peroxidase beinhaltet.
  - Prostazyklin (PGI_2) wird aus dem Endothel freigesetzt, um eine Thrombusbildung und eine Thrombozytenaggreation zu verhindern.
  - Thromboxan A_2 (TXA_2) wird aus aggregierten Thrombozyten freigesetzt. TXA_2 bewirkt eine Vasokonstriktion und eine Thrombozytenaggregation. TXA_2 wird von Prostazyklin (PGI_2) antagonisiert.
  - Die Prostaglandine PGE_1 und PGI_1 sind Vasodilatatoren, sie relaxieren die glatte Muskulatur. Mit PGE_1 kann bei Neugeborenen mit einer Pulmonalstenose der Ductus Arteriosus offengehalten werden.
  - Die Prostaglandine PGE_2 und $PGF_{2\alpha}$ bewirken eine Uteruskontraktion.
  - PGE_2 und TXA_2 wirken auch als lokale Entzündungsmediatoren.

6.8.2 Lipoxygenase-Weg

- bildet HPETE und HETE aus Arachidonsäure
- Das zuständige Enzym ist die 5-Lipoxygenase.
  - Leukotriene wirken konstriktorisch auf die Muskulatur von Bronchial- und Gastrointestinaltrakt.
  - Die Leukotriene LTC_4, LDT_4 und LTE_4 sind beim Asthma bronchiale für die Bronchokonstriktion verantwortlich.
  - HETE reguliert die Leukozytenfunktion.
  - Leukotriene und HETE sind an Entzündungsvorgängen und allergischen Reaktionen beteiligt.

6.8.3 Antiinflammatorische Medikamente

Hemmung der Eicosanoidsynthese:

- Glucocorticoide hemmen Phospholipase A_2 und reduzieren damit die Synthese von Eicosanoiden.
- Nicht-steroidale, antiinflammatorische Medikamente (NSAR) beinhalten Aspirin und Ibuprofen. Die NSAR hemmen die Cyclooxygenase und damit ausschließlich die Prostaglandin-Synthese.

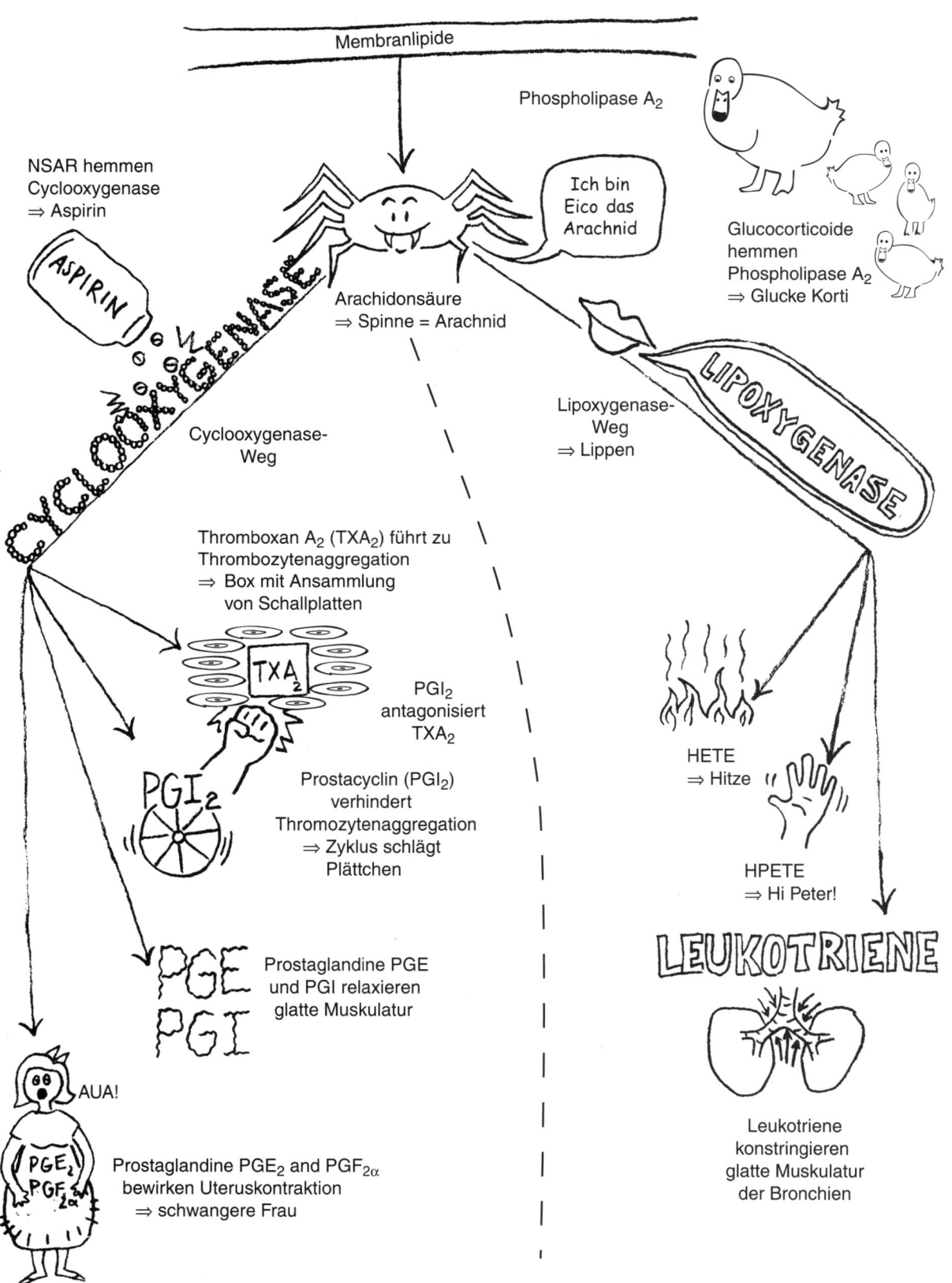

7 Intrazelluläre Botenstoffe

7.1 α₁-Adrenorezeptoren

α₁-Rezeptoren:

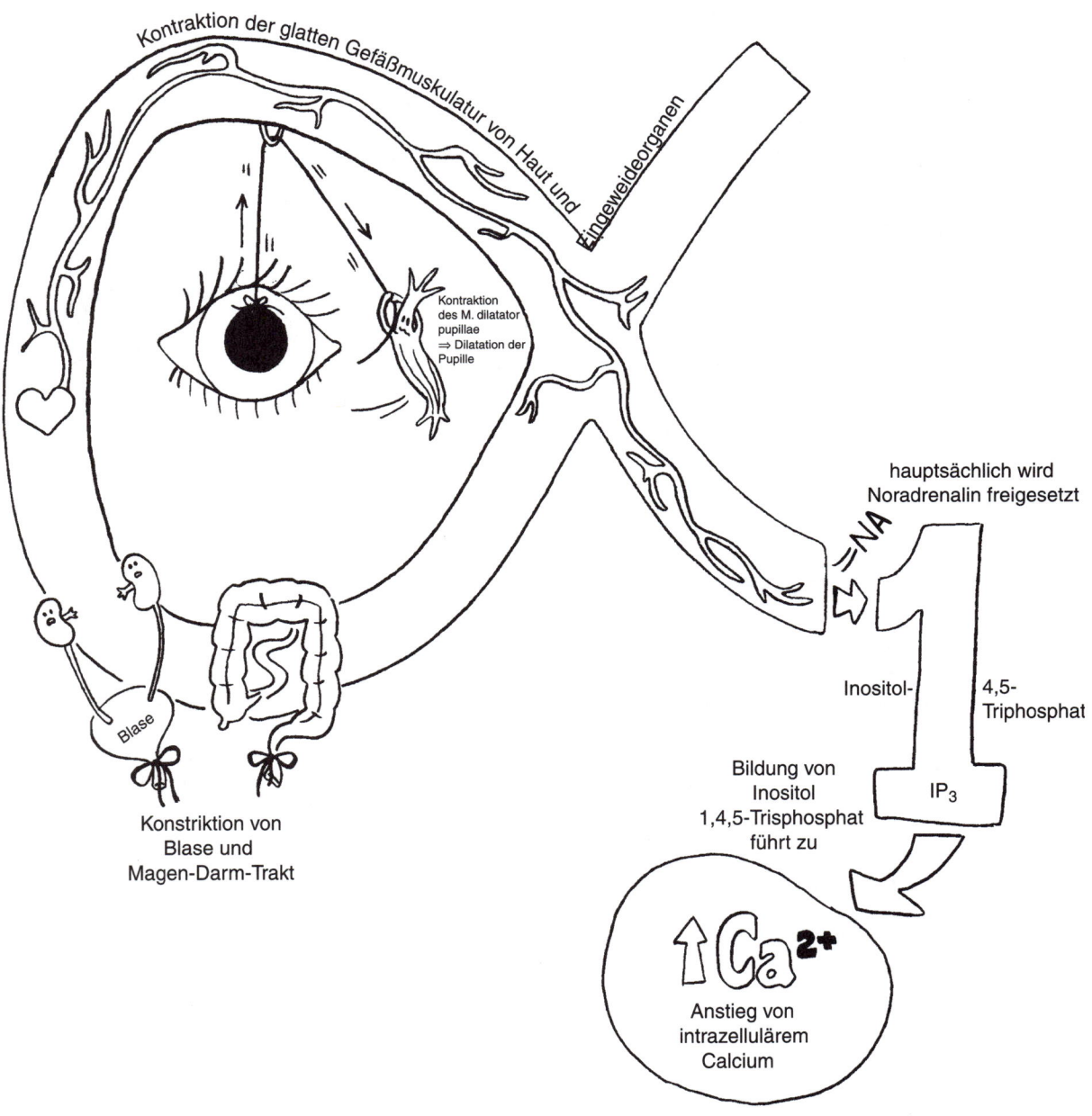

Kontraktion der glatten Gefäßmuskulatur von Haut und Eingeweideorganen

Kontraktion des M. dilatator pupillae ⇒ Dilatation der Pupille

Blase

Konstriktion von Blase und Magen-Darm-Trakt

hauptsächlich wird Noradrenalin freigesetzt

NA

Inositol-

4,5-Triphosphat

Bildung von Inositol 1,4,5-Trisphosphat führt zu

IP₃

↑Ca²⁺

Anstieg von intrazellulärem Calcium

7.2 α₂-Adrenorezeptoren

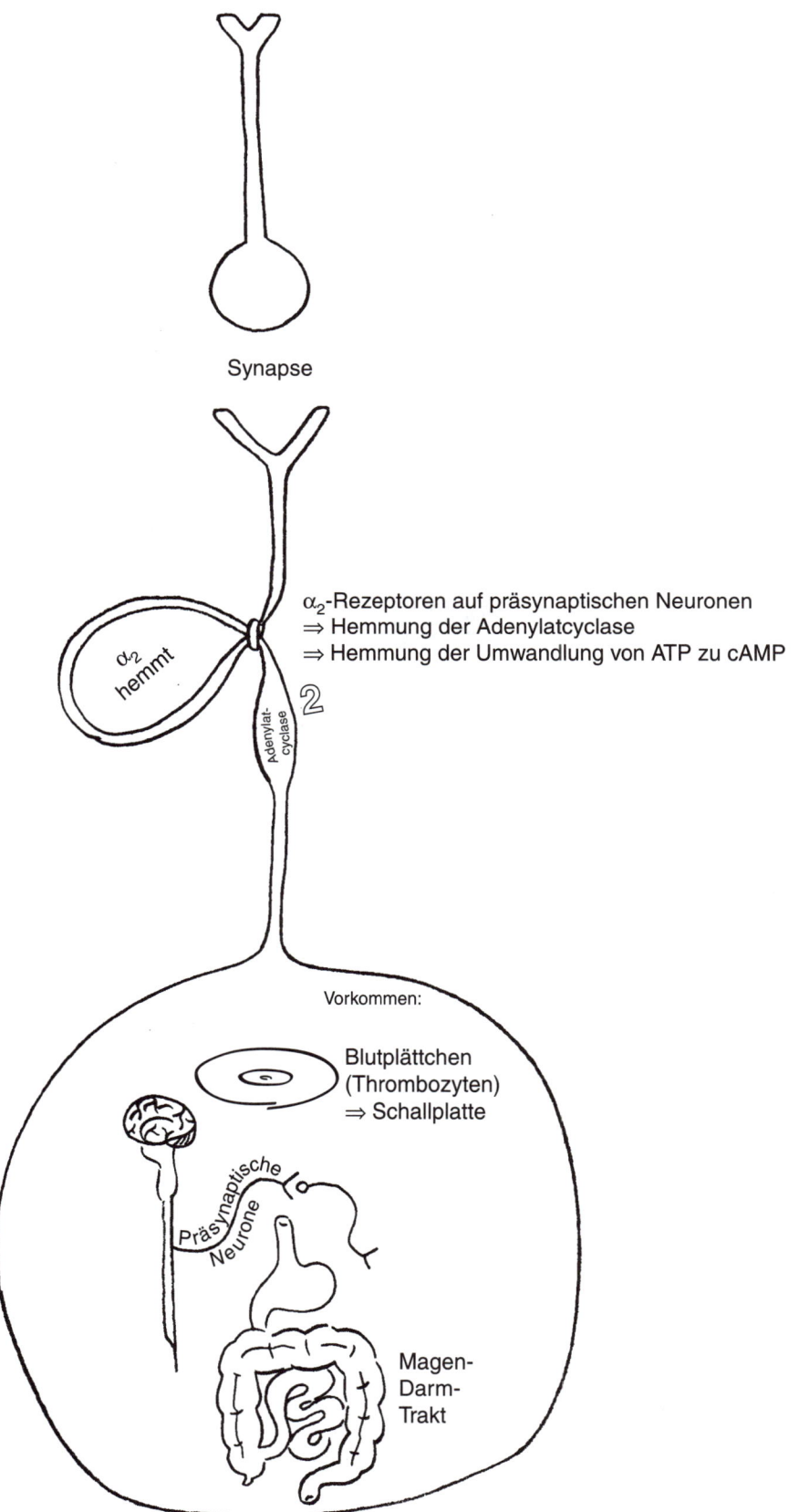

Synapse

α₂-Rezeptoren auf präsynaptischen Neuronen
⇒ Hemmung der Adenylatcyclase
⇒ Hemmung der Umwandlung von ATP zu cAMP

α₂ hemmt

Adenylat-cyclase

Vorkommen:

Blutplättchen
(Thrombozyten)
⇒ Schallplatte

Präsynaptische Neurone

Magen-
Darm-
Trakt

7.3 β₁-Adrenorezeptoren

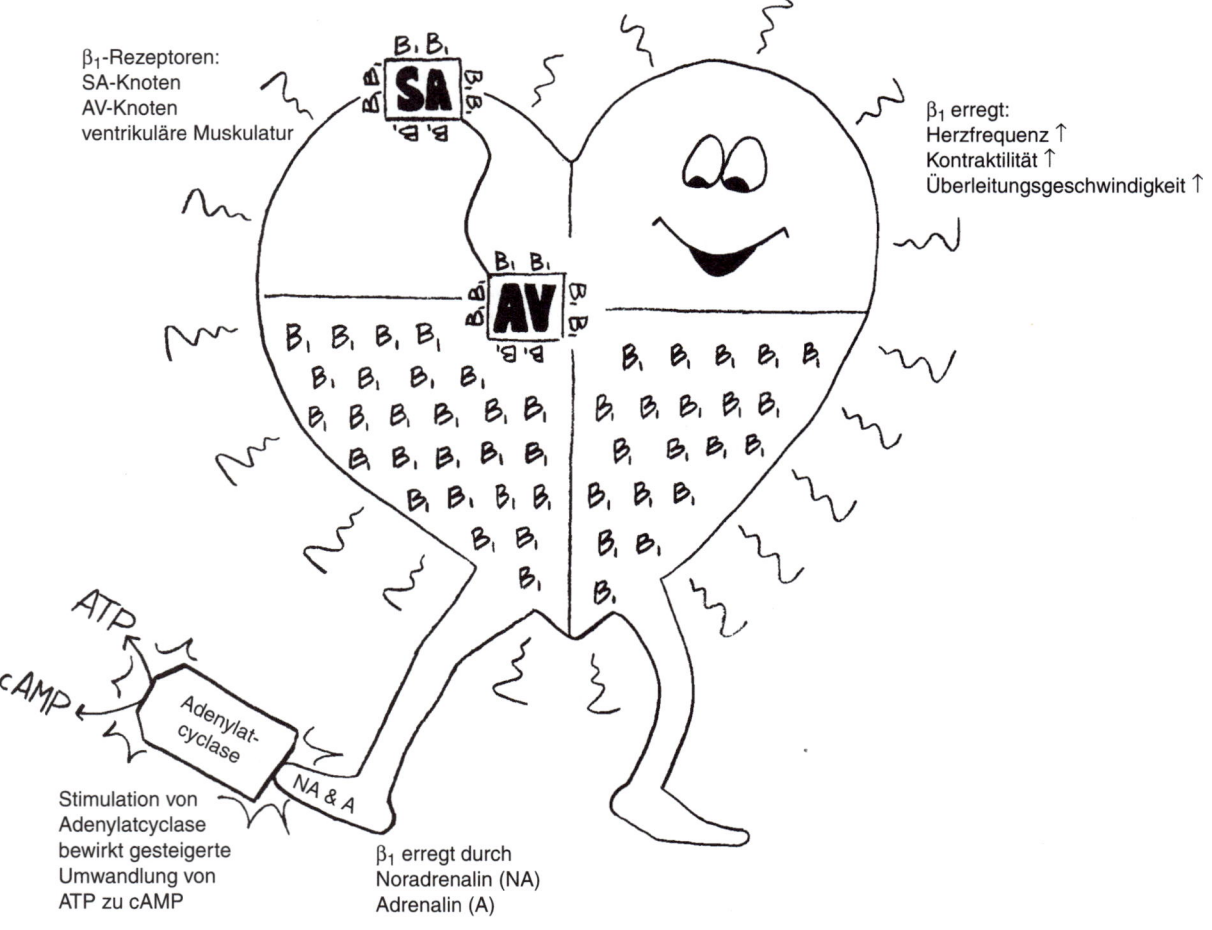

β₁-Rezeptoren:
SA-Knoten
AV-Knoten
ventrikuläre Muskulatur

β₁ erregt:
Herzfrequenz ↑
Kontraktilität ↑
Überleitungsgeschwindigkeit ↑

Stimulation von
Adenylatcyclase
bewirkt gesteigerte
Umwandlung von
ATP zu cAMP

β₁ erregt durch
Noradrenalin (NA)
Adrenalin (A)

7.4 β₂-Adrenorezeptoren

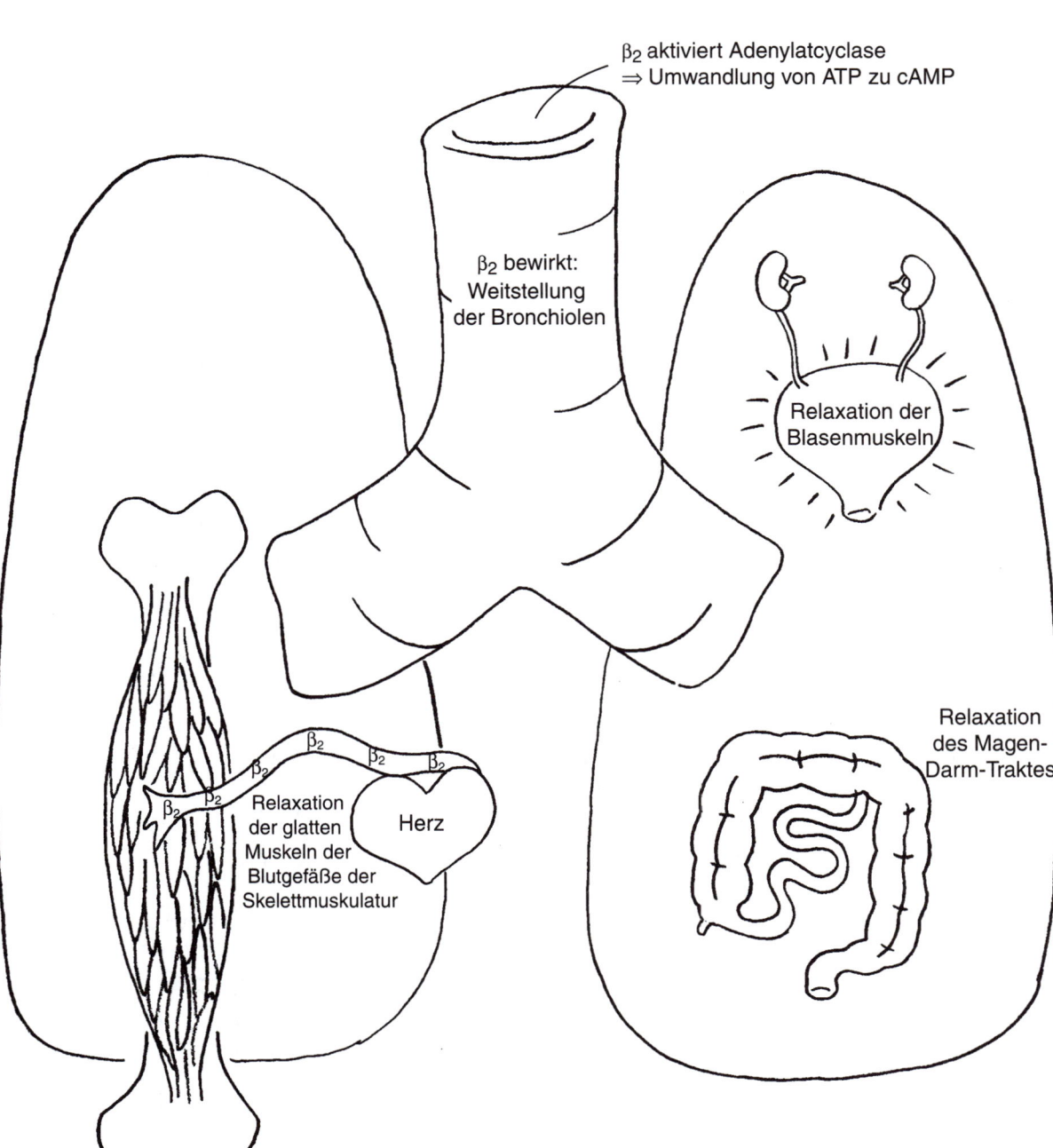

β₂ relaxiert

β₂ aktiviert Adenylatcyclase
⇒ Umwandlung von ATP zu cAMP

β₂ bewirkt:
Weitstellung
der Bronchiolen

Relaxation der
Blasenmuskeln

Relaxation
des Magen-
Darm-Traktes

β₂

Relaxation
der glatten
Muskeln der
Blutgefäße der
Skelettmuskulatur

Herz

7.5 Nikotinerge Cholinorezeptoren

⇒ Nikotin = Zigarette

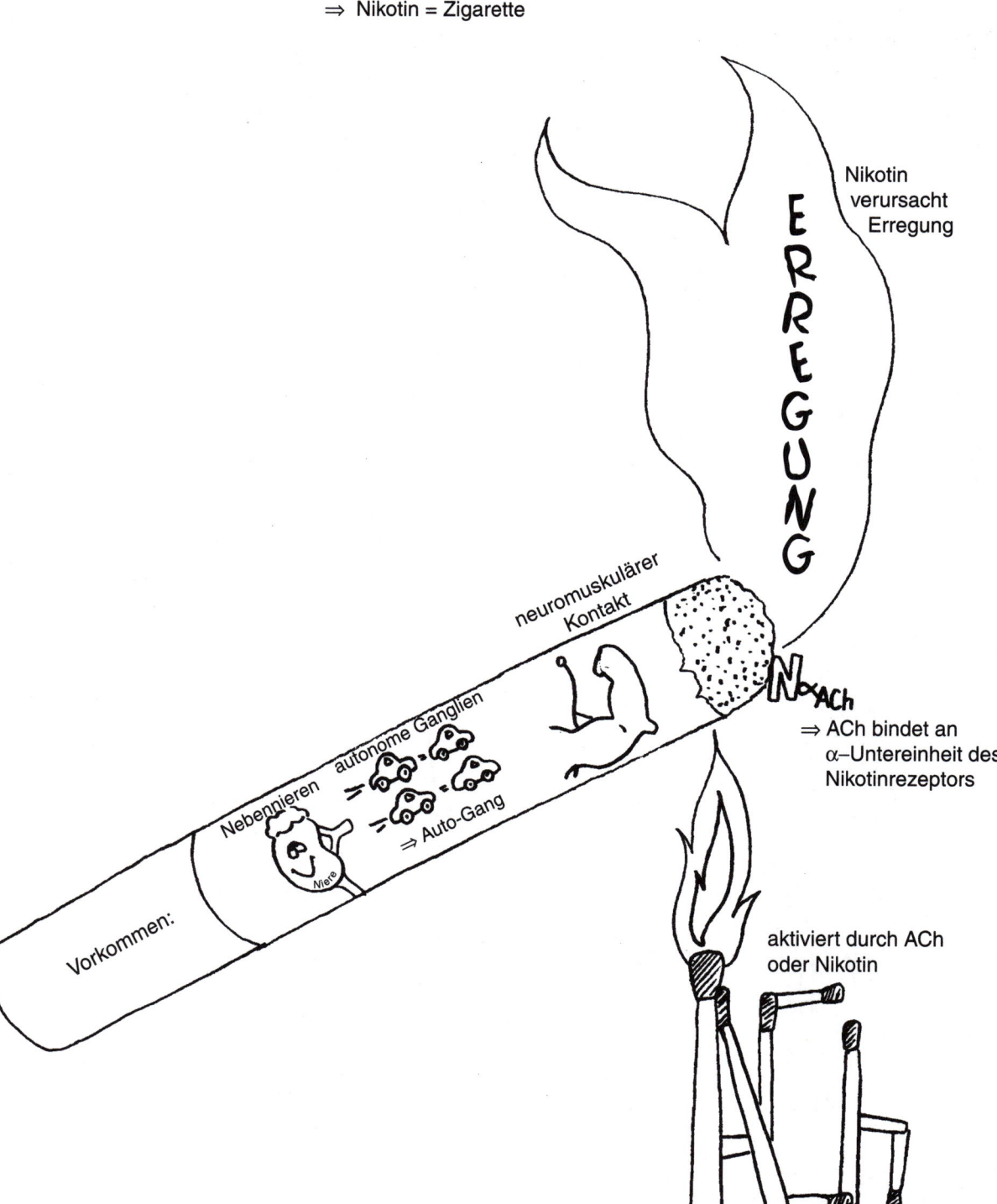

Nikotin
verursacht
Erregung

ERREGUNG

neuromuskulärer
Kontakt

N ∝ ACh

⇒ ACh bindet an
α–Untereinheit des
Nikotinrezeptors

autonome Ganglien

Nebennieren

⇒ Auto-Gang

Niere

Vorkommen:

aktiviert durch ACh
oder Nikotin

7.6 Muskarinerge Cholinorezeptoren

⇒ Mustang-Auto

erregt Drüsen und
glatte Muskulatur

Drüse

GLATTER
MUSKEL

hemmt das Herz
Herzfrequenz ↓
Überleitungsgeschwindigkeit ↓

Mustang
⇒ Muskarin-Rezeptor

7.7 Zyklisches Adenosinmonophosphat (cAMP)

7.7.1 Hormone, die den cAMP-Wirkungsmechanismus auslösen

„**A**denosin**c**yclase **l**iebt die **T**reue und **h**eiratet das **G**TP-**B**indungsprotein, um sich als **cAMP** **f**ortzupflanzen."

A → ACTH (adrenocorticotropes Hormon)
c → CRH (Corticotropin-Releasing-Hormon)
l → LH (luteinisierendes Hormon)
T → TSH (thyreotropes Hormon)
h → HCG (Choriongonadotropin)
G → Glucagon
B → β_1- und β_2-Rezeptoren
c → Calcitonin
A → ADH (am V_2-Rezeptor; antidiuretisches Hormon oder Vasopressin)
M → MSH (Melanozyten stimulierendes Hormon)
P → PTH (Parathormon)
f → FSH (follikelstimulierendes Hormon)

7.7.1 Ablauf des cAMP-Mechanismus

1. Hormon bindet an den Rezeptor.
2. Im G-Protein wird GDP durch GTP ersetzt.
3. Das stimulierende oder das inhibitorische G-Protein wird aktiviert.
4. Das stimulierende G-Protein aktiviert die Adenylatcyklase, das inhibitorische hemmt sie.
5. Adenylatcyclase verwandelt ATP in ADP.
6. cAMP aktiviert die Proteinkinase A.
7. Die aktivierte Proteinkinase A phosphoryliert Proteine.
8. Dadurch werden physiologische Prozesse ausgelöst.

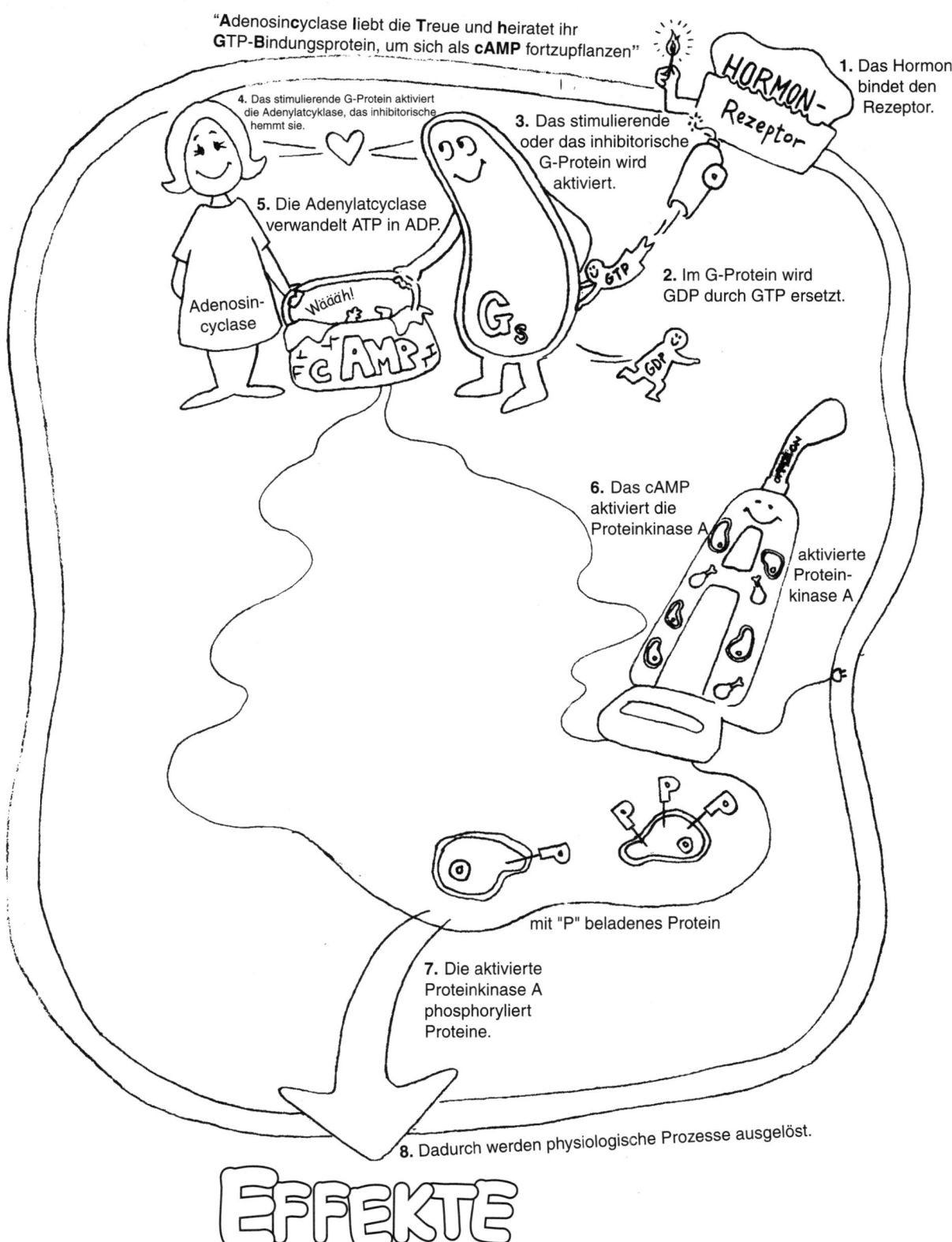

7.8 IP$_3$-(Inositol-1,4,5-Triphosphat-) Mechanismus

7.8.1 Hormone, die den IP$_3$-Wirkungsmechanismus auslösen

- ADH (am V$_1$-Rezeptor, antidiuretisches Hormon oder Vasopressin)
- α$_1$-Rezeptoren
- TRH (Thyreotropin-Releasing-Hormon)
- Angiotensin II
- GHRH (Somatotropin-Releasing-Hormon)
- GnRH (Gonadotropin-Releasing-Hormon)
- Oxytocin

7.8.2 Ablauf des IP$_3$-Wirkungsmechanismus

1. Hormon bindet den Rezeptor.
2. G-Protein wird aktiviert.
3. G-Protein aktiviert die Phospholipase C.
4. Phospholipase C baut Phospholipide ab.
5. Beim Abbau von Phosphlipiden entstehen IP$_3$ und Diacylglycerin.
6. Endoplasmatisches Retikulum (ER) setzt Ca^{2+} frei.
7. Diacylglycerin und Ca^{2+} aktivieren die Proteinkinase C.
8. Proteinkinase C phosphoryliert Proteine.
9. Dadurch werden physiologische Prozesse ausgelöst.
   Diacylglyzerin → Arachidonsäure → Prostaglandine

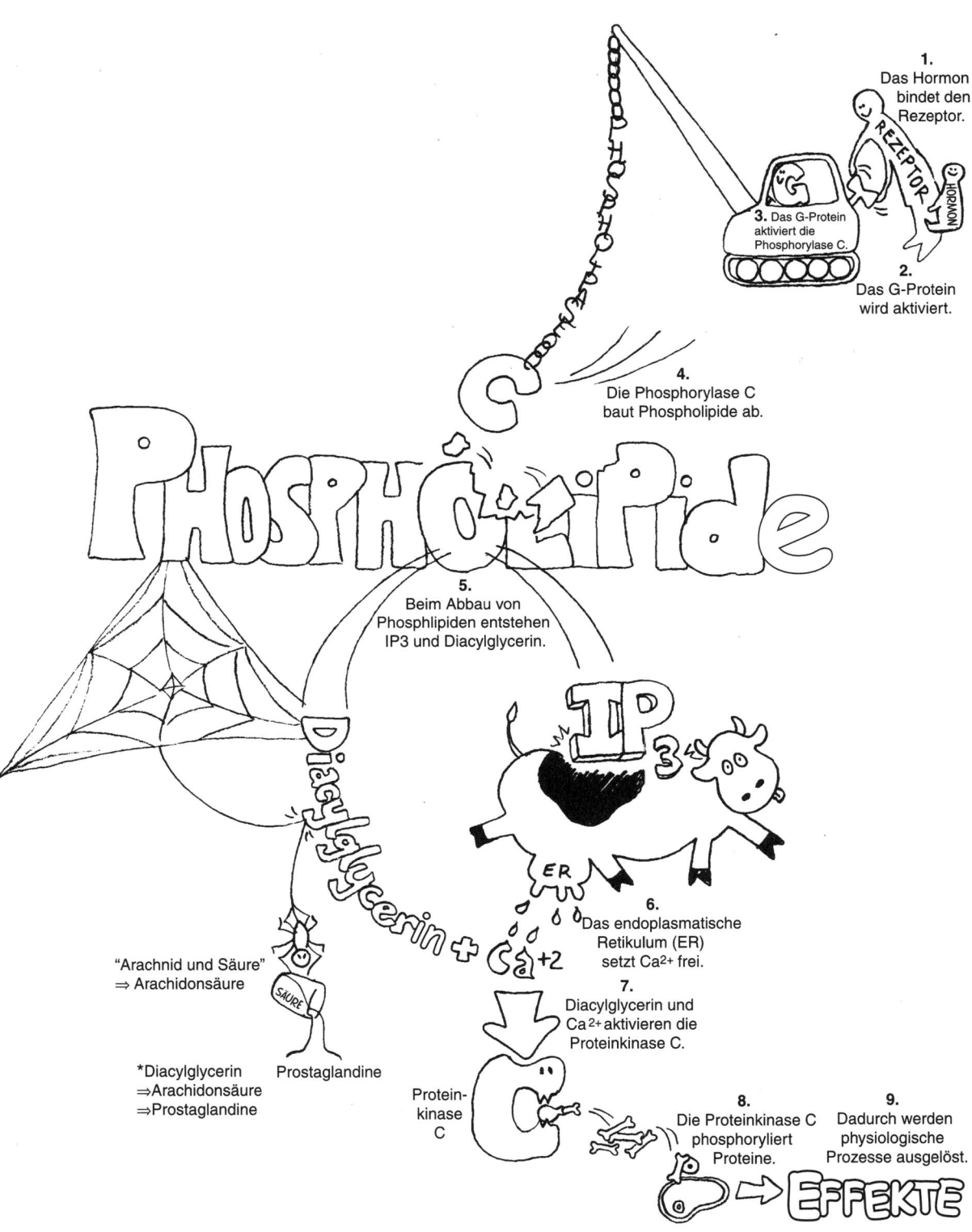

1. Das Hormon bindet den Rezeptor.

3. Das G-Protein aktiviert die Phosphorylase C.

2. Das G-Protein wird aktiviert.

4. Die Phosphorylase C baut Phospholipide ab.

5. Beim Abbau von Phosphlipiden entstehen IP3 und Diacylglycerin.

6. Das endoplasmatische Retikulum (ER) setzt Ca^{2+} frei.

7. Diacylglycerin und Ca^{2+} aktivieren die Proteinkinase C.

"Arachnid und Säure" ⇒ Arachidonsäure

*Diacylglycerin ⇒Arachidonsäure ⇒Prostaglandine

Prostaglandine

Protein-kinase C

8. Die Proteinkinase C phosphoryliert Proteine.

9. Dadurch werden physiologische Prozesse ausgelöst.

7.9 Mechanismus von Schilddrüsen- und Steroidhormonen

7.9.1 Hormone, die diesen Mechanismus auslösen

- Aldosteron
- Progesteron
- Testosteron
- Östrogen
- Glucokorticoide
- Vitamin D
- Schilddrüsenhormon

7.9.2 Ablauf des Wirkungsmechanismus

1. Steroid diffundiert durch die Zellmembran.
2. Steroid bindet an einen zytoplasmatischen Rezeptor.
3. Steroid bindet einen nukleären Rezeptor.
4. Rezeptorstruktur ändert sich, wodurch eine DNA-Bindungsstelle freigelegt wird.
5. DNA reagiert mit der DNA-Bindungsstelle.
6. Transkription von mRNA
7. Translation der mRNA
8. Die Proteinbiosynthese bewirkt eine Auslösung physiologischer Effekte.

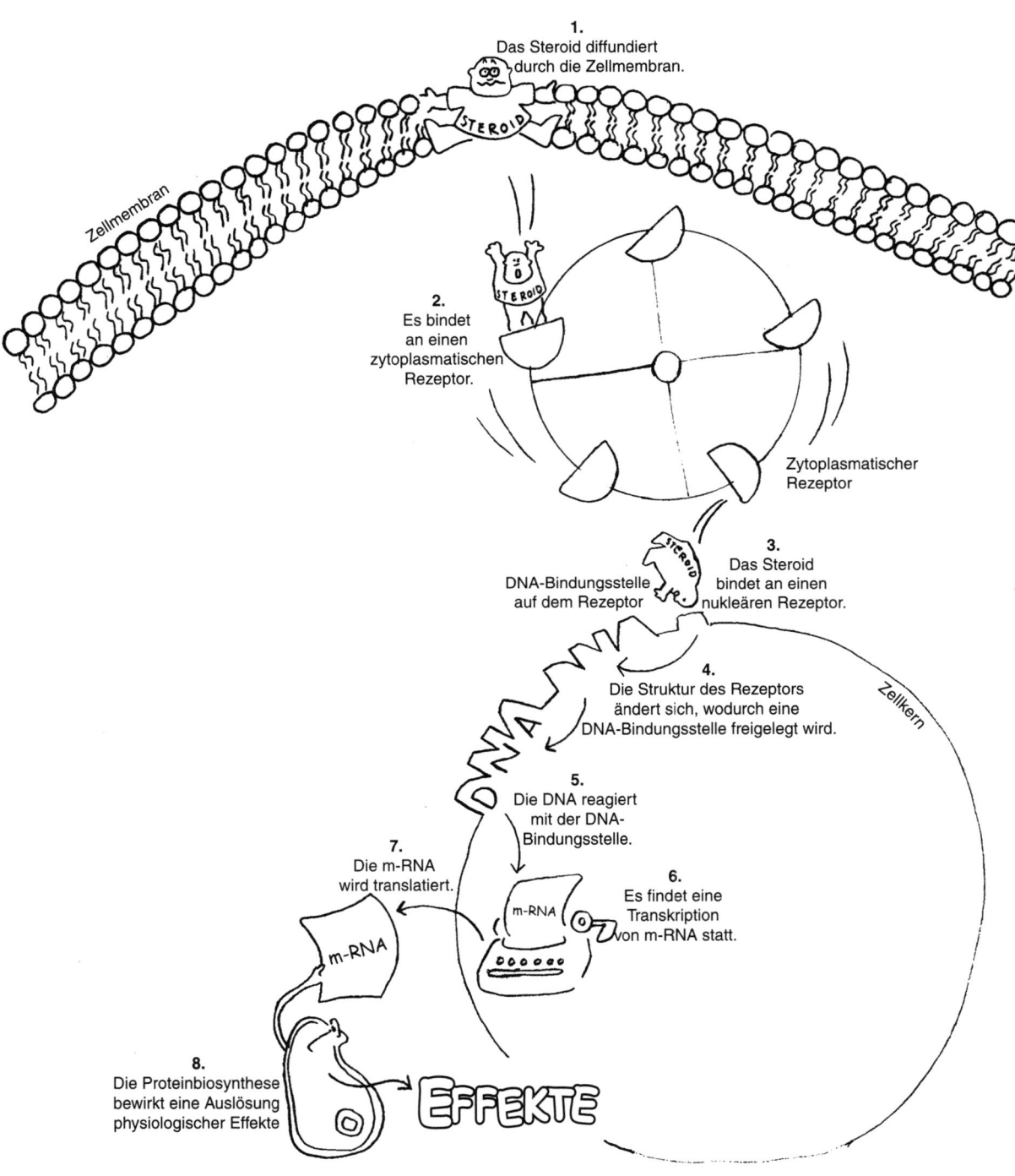

1.
Das Steroid diffundiert durch die Zellmembran.

Zellmembran

2.
Es bindet an einen zytoplasmatischen Rezeptor.

Zytoplasmatischer Rezeptor

3.
Das Steroid bindet an einen nukleären Rezeptor.

DNA-Bindungsstelle auf dem Rezeptor

4.
Die Struktur des Rezeptors ändert sich, wodurch eine DNA-Bindungsstelle freigelegt wird.

Zellkern

5.
Die DNA reagiert mit der DNA-Bindungsstelle.

7.
Die m-RNA wird translatiert.

m-RNA

6.
Es findet eine Transkription von m-RNA statt.

m-RNA

8.
Die Proteinbiosynthese bewirkt eine Auslösung physiologischer Effekte

EFFEKTE

7.10 Calcium-Calmodulin-Mechanismus

Ablauf des Mechanismus:

1. Hormon bindet den Rezeptor.
2. G-Protein aktiviert Calciumkanäle in der Zellmembran.
3. G-Protein aktiviert eine Freisetzung von Calcium (Ca^{2+}) aus dem endoplasmatischen Retikulum (ER).
4. Zelluläre Ca^{2+}-Konzentration steigt an.
5. Ca^{2+} bindet an Calmodulin.
6. Calmodulin bewirkt die Auslösung physiologischer Effekte.

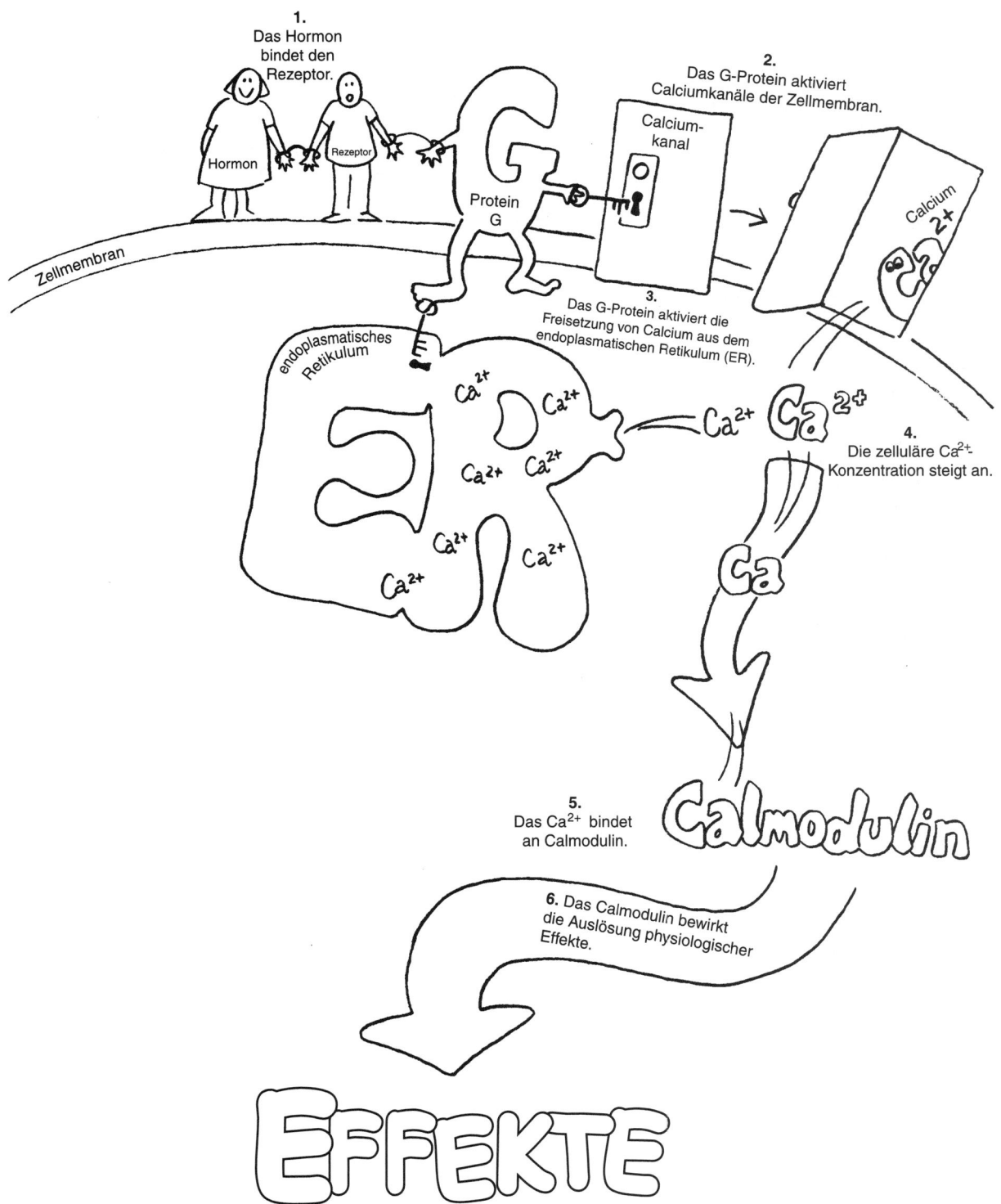

1. Das Hormon bindet den Rezeptor.

2. Das G-Protein aktiviert Calciumkanäle der Zellmembran.

3. Das G-Protein aktiviert die Freisetzung von Calcium aus dem endoplasmatischen Retikulum (ER).

4. Die zelluläre Ca^{2+}-Konzentration steigt an.

5. Das Ca^{2+} bindet an Calmodulin.

6. Das Calmodulin bewirkt die Auslösung physiologischer Effekte.

8 Zellzyklus und Krebs

8.1 Zellzyklus

- **G_0-Phase:**
  - Ruhende Zellen können wieder in den Zellzyklus eintreten.
  - Zellen, die sich nicht teilen können: Skelettmuskelzellen, Herzmuskelzellen und Nervenzellen. Sie haben den Zellzyklus verlassen und können sich keiner Mitose unterziehen.
- Der **Zellzyklus** wird in zwei Schritte unterteilt: Interphase und Mitose.
  - Während der Interphase verdoppelt sich die Zellgröße und die DNA-Menge.
  - Die Interphase ist die Phase zwischen zwei Zellteilungen, sie wird unterteilt in G_1, S und G_2-Phase.

8.1.1 Interphase

- **G_1-Phase (G = gap = Unterbrechung):**
  - Es findet eine Synthese von RNA und Proteinen statt.
  - Die Zelle erreicht einen Restriktionspunkt und geht in die S-Phase über.
  - Zellen, die den Restriktionspunkt nicht erreichen, gehen in die G_0-Phase über.
- **S-Phase (S = Synthese):**
  - Es finden DNA, RNA und Proteinbiosynthese statt.
  - Dauer: 8–12 Stunden
  - Die DNA vermehrt ich in Form einer Chromosomenverdoppelung.
  - Der S-Phase-Aktivator veranlasst eine DNA-Synthese.
- **G_2-Phase:**
  - Es finden RNA und Proteinbiosynthese statt.
  - Dauer: 2–4 Stunden
  - Während der G_2-Phase bereitet sich die Zelle auf die Mitose vor, es wird Energie gespeichert und die Zentriolen reifen heran.

8.1.2 Mitose

Mitose → mit Hose

- Teilung von Nucleus und Zytoplasma
- Ergebnis der Mitose: zwei identische Tochterzellen
- fünf Mitoseschritte: Prophase, Prometaphase, Metaphase, Anaphase, Telophase
- Dauer: 1–3 Stunden
- MPF (M-phase-promoting-factor): ermöglicht der Zelle, die Mitose einzuleiten
- MDF (M-phase-delaying-factor): hemmt die Synthese von MPF, bis die DNA vollständig verdoppelt ist

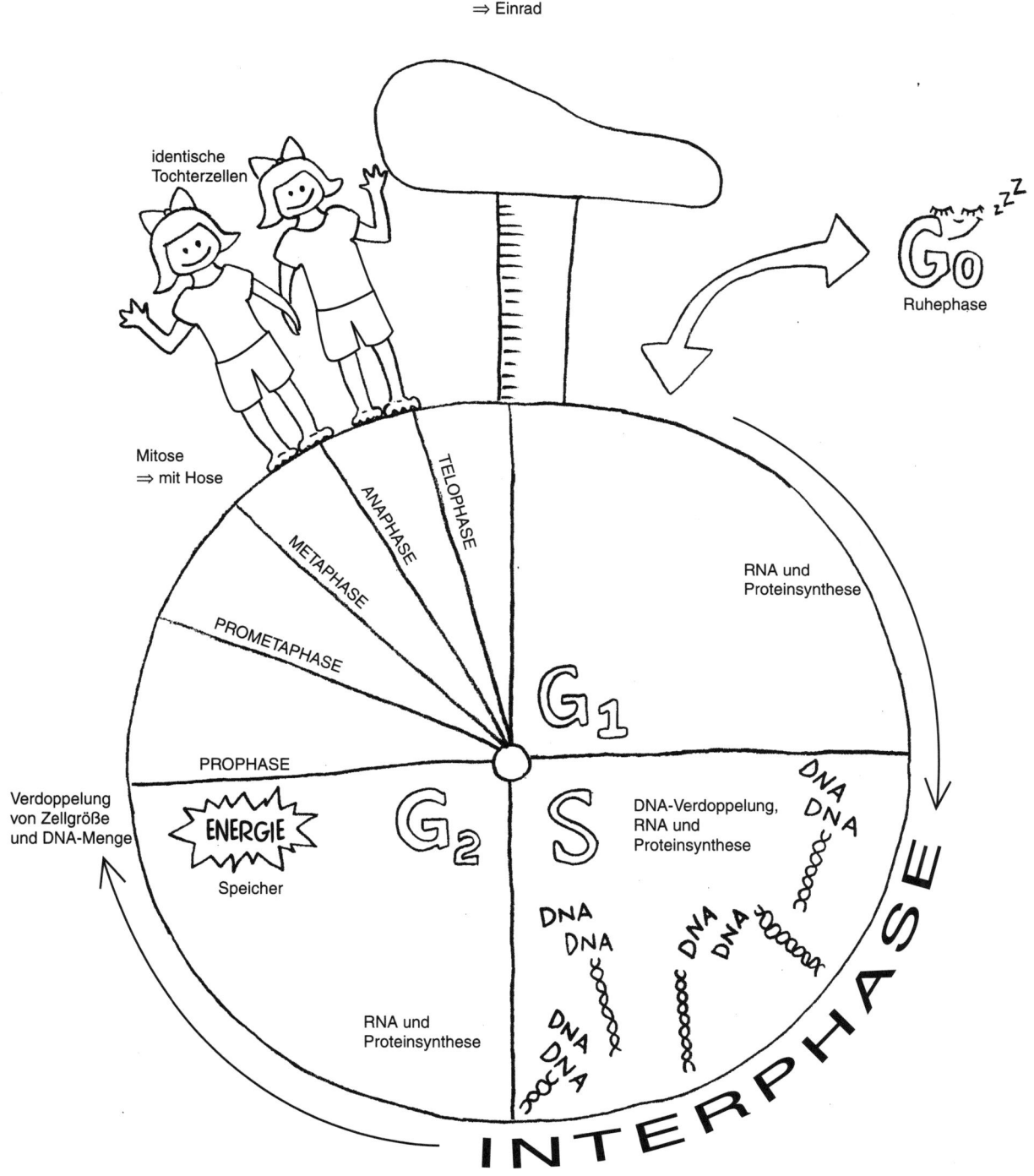

⇒ Einrad

identische
Tochterzellen

Ruhephase

Mitose
⇒ mit Hose

TELOPHASE

ANAPHASE

METAPHASE

PROMETAPHASE

RNA und
Proteinsynthese

G_1

PROPHASE

Verdoppelung
von Zellgröße
und DNA-Menge

ENERGIE

Speicher

G_2

S

DNA-Verdoppelung,
RNA und
Proteinsynthese

DNA
DNA

DNA
DNA

DNA
DNA

DNA
DNA

RNA und
Proteinsynthese

INTERPHASE

8.2 Cycline, Cyclin-abhängige Kinasen (CDKs) und Regulation des Zellzyklus

- Cycline kontrollieren die Entwicklung der Zellen während des Zellzyklus, indem sie Komplexe mit Cyclin-abhängigen Kinasen (CDKs) bilden.
- Spezifische Kombinationen aus Cyklinen und CDKs sind mit spezifischen Vorgängen im Zellzyklus verknüpft.
- Die Komplexe aus Cyclinen und CDKs werden durch Phosphorylierung aktiviert. Die aktivierten Kinasen phosphorylieren wichtige Proteine der DNA-Replikation, Mitose und Spindelbildung, um das Fortschreiten des Zellzyklus zu ermöglichen.
  - Cyclin D/CDK 4, 6: kontrollieren $G_1 \to S$
  - Cyclin E/CDK 2: kontrollieren $G_1 \to S$
  - Cyclin A/CDK 1, 2: kontrollieren $S \to G_2$
  - Cyclin B/CDK 1: kontrollieren $G_2 \to M$
- Nachdem die Zelle die nächste Phase erreicht hat, wird das Cyclin abgebaut und die CDK inaktiviert.
- Die aktivierten CDK-Komplexe werden mit Hilfe von CDK-Inhibitoren (p15, p16, p18, p19, p21, p27, p57) reguliert.
- Die CDK-Inhibitoren p21, p27 und p57 hemmen alle CDKs, während p15, p16, p18 und p19 selektiv Cyclin D / CDK 4 und CDK 6 hemmen.
- Die Umsetzung von G_1 zu S ist besonders bedeutend, weil die Zellen von der S-Phase abhängig sind. Ein weiterer bedeutender Schritt ist die Phosphorylierung des Retinonblastom-Proteins (pRb) durch Cyclin D/CDK 4, CDK 6.
- Die Phosphorylierung von pRb setzt R2B-Transkriptionsfaktoren frei, woraufhin Gene transkribiert werden, die bedeutend für die S-Phase sind.
- Eine Verstärkung von Cyclin-D-Genen findet bei vielen malignen Erkrankungen (z. B. Brust- und Leberkarzinomen) statt.
- Eine Verstärkung von CDK-4-Genen findet bei Melanomen, Sarkomen und Glioblastomen statt.

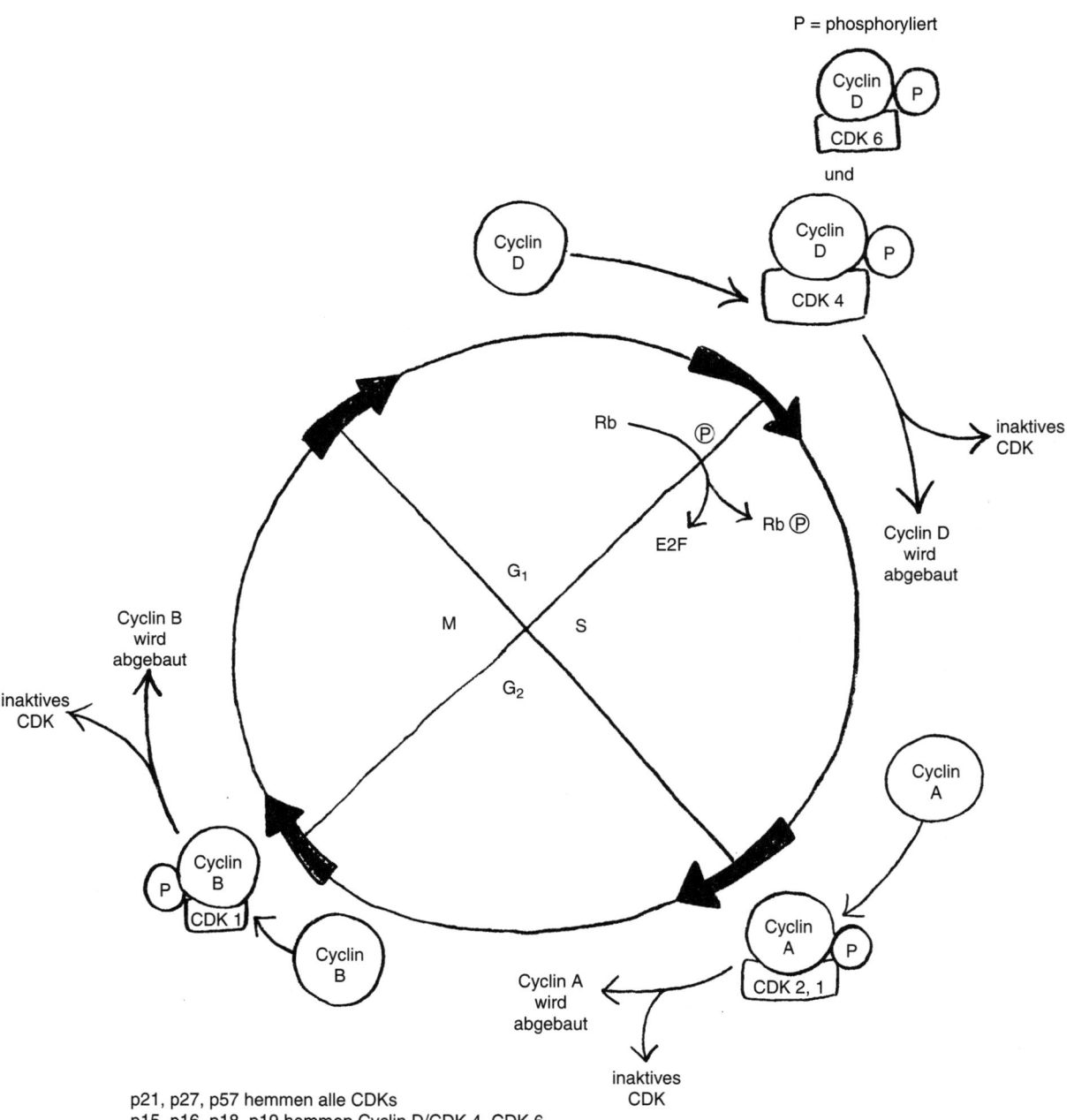

P = phosphoryliert

und

Rb

E2F

Rb Ⓟ

Cyclin D wird abgebaut

inaktives CDK

Cyclin D

G₁

M

S

G₂

Cyclin B wird abgebaut

inaktives CDK

Cyclin B

Cyclin A

Cyclin A wird abgebaut

inaktives CDK

p21, p27, p57 hemmen alle CDKs
p15, p16, p18, p19 hemmen Cyclin D/CDK 4, CDK 6

8.3 Onkogene

- Onkogene entstehen aus mutierten Proto-Onkogenen und können die maligne Entwicklung einer Zelle induzieren.
- Proto-Onkogene sind am normalen Zellwachstum und der Zelldifferentierung beteiligt.
- Die Retrovirale Transduktion von Proto-Onkogenen durch virale Onkogene (v-onc) rufen eine Tumorentstehung hervor.
- Mutierte Gene, die Wachstumsfaktoren, Wachstumsfaktor-Rezeptoren, Signaltransduktionsgene, Transkriptionsgene, Cykline und cyclinabhängige Kinasen kodieren, können ebenfalls onkogen wirken.
- Proto-Onkogene werden durch Punktmutationen, chromosomale Neuordnungen (Translokation) und Überexpressionen zu Onkogenen umgewandelt.

Proteinprodukte	Onkogene	Aktivierung	Tumore
Regulatoren des Zellzyklus			
Cycline	Cyclin D	Überexpression	Brust, Leber
CDKs	CDK 4	Überexpression	Melanom, Glioblastom
Transkriptionsprotein	myc	Translokation	Burkitt-Lymphom
Signaltransduktionsproteine			
GTP-Bindung	ras	Punktmutation	Viele maligne Erkrankungen
Tyrosinkinase	abl	Translokation	ALL, CML
Wachstumsfaktoren			
PDGF (platelet derived growth factor)	sis	Überexpression	Astrozytom, Osteosarkom
Wachstumsfaktor-Rezeptor			
EGF (epidermal growth factor)	erb	Überexpression	Plattenepithelkarzinom der Lunge, Brust, GI, Ovarien

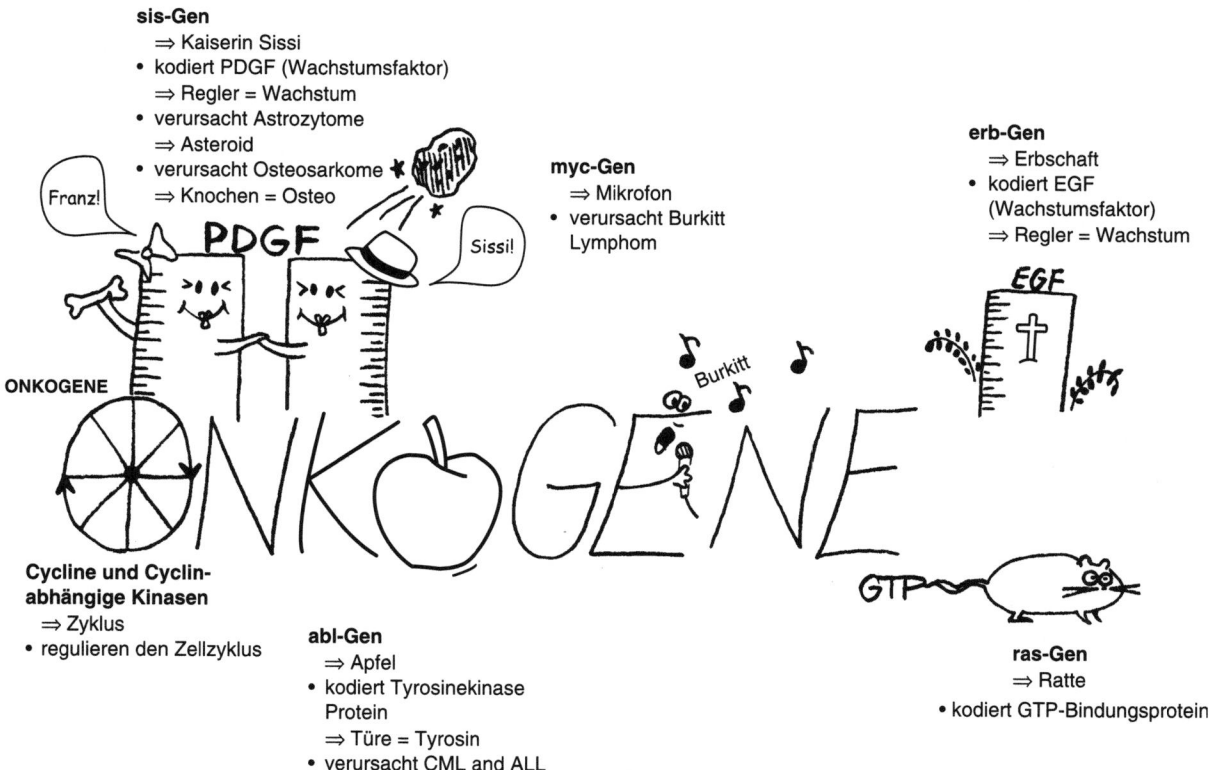

sis-Gen
  ⇒ Kaiserin Sissi
• kodiert PDGF (Wachstumsfaktor)
  ⇒ Regler = Wachstum
• verursacht Astrozytome
  ⇒ Asteroid
• verursacht Osteosarkome
  ⇒ Knochen = Osteo

myc-Gen
  ⇒ Mikrofon
• verursacht Burkitt Lymphom

erb-Gen
  ⇒ Erbschaft
• kodiert EGF (Wachstumsfaktor)
  ⇒ Regler = Wachstum

Cycline und Cyclin-abhängige Kinasen
  ⇒ Zyklus
• regulieren den Zellzyklus

abl-Gen
  ⇒ Apfel
• kodiert Tyrosinekinase Protein
  ⇒ Türe = Tyrosin
• verursacht CML and ALL (Leukämien)

ras-Gen
  ⇒ Ratte
• kodiert GTP-Bindungsprotein

8.4 Tumorsupressorgene

Tumorsupressorgene → geniale Jeans

- Tumorsupressorgene regulieren das Zellwachstum.
- Tumorsupressorgene kodieren Proteine, die den Zellzyklus und die Transkription kontrollieren, die DNA reparieren, die Signaltransduktion und das Wachstum hemmen.
  DNA-Reparatur → Schraubenschlüssel
  Hemmung der Signaltransduktion → gegen die Ampel treten

8.4.1 Retinoblastom-Gen (Rb)

- Es reguliert den Vorgang G_1 → S des Zellzyklus.
- Das unphosphorylierte Rb-Protein bildet mit den E2F-Transkriptionsfaktoren Komplexe und bindet dann an die DNA, um die Transkription von den Genen zu hemmen, die essentiell für die S-Phase sind.
- Das Rb-Protein wird durch Cyclin D/CDK 4,6 phosphoryliert, wodurch E2F freigesetzt wird. Der E2F-Transkriptionsfaktor transkribiert Gene für die S-Phase, woraufhin die Zellen dazu veranlasst werden sich zu teilen.

8.4.2 p53-Gen

- p53 wird durch eine Schädigung der DNA aktiviert und hält den Zellzyklus in der G_1-Phase an, um einen DNA-Reparaturmechanismus zu induzieren.
  p53 durch DNA-Schaden aktiviert → Hammer trifft DNA aktiviertes p53 hält Zellzyklus in G_1 an → p53 mit Handschellen an G_1 gebunden
- Falls die DNA-Reparatur erfolglos bleibt, aktiviert das p53 das bax-Gen, um eine Apoptose einzuleiten.
- Mutationen oder der Verlust von p53 ermöglichen den DNA-geschädigten Zellen, sich zu vermehren, was zur malignen Entartung führt.

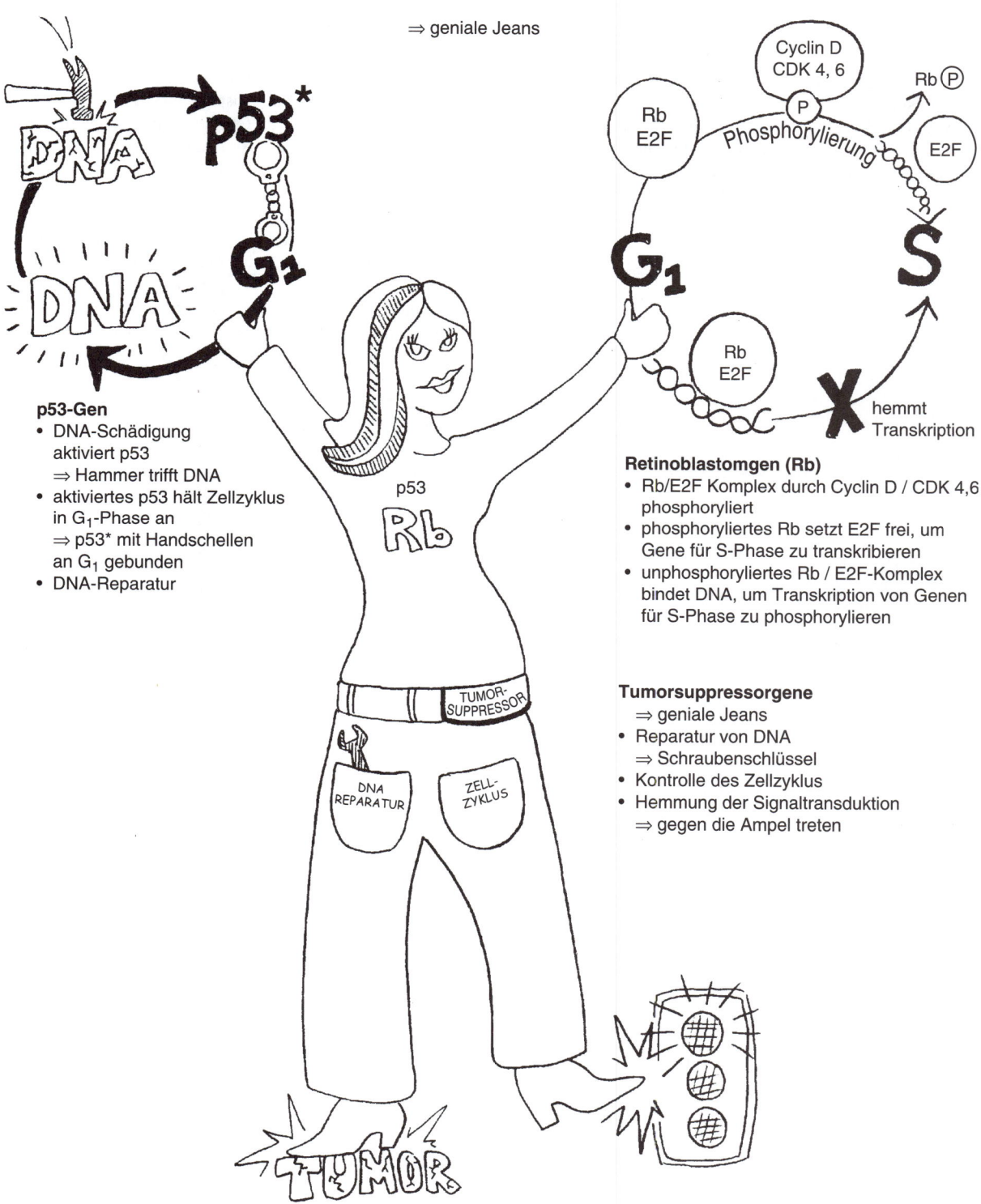

⇒ geniale Jeans

Cyclin D
CDK 4, 6

Rb Ⓟ

Rb E2F

P

Phosphorylierung

E2F

G_1

S

Rb E2F

X hemmt
Transkription

p53-Gen
- DNA-Schädigung aktiviert p53
  ⇒ Hammer trifft DNA
- aktiviertes p53 hält Zellzyklus in G_1-Phase an
  ⇒ p53* mit Handschellen an G_1 gebunden
- DNA-Reparatur

Retinoblastomgen (Rb)
- Rb/E2F Komplex durch Cyclin D / CDK 4,6 phosphoryliert
- phosphoryliertes Rb setzt E2F frei, um Gene für S-Phase zu transkribieren
- unphosphoryliertes Rb / E2F-Komplex bindet DNA, um Transkription von Genen für S-Phase zu phosphorylieren

Tumorsuppressorgene
  ⇒ geniale Jeans
- Reparatur von DNA
  ⇒ Schraubenschlüssel
- Kontrolle des Zellzyklus
- Hemmung der Signaltransduktion
  ⇒ gegen die Ampel treten

p53

Rb

TUMOR-SUPPRESSOR

DNA REPARATUR

ZELL-ZYKLUS

TUMOR

9 Nahrungsaufnahme und Fasten

- Der Stoffwechsel von Kohlenhydraten, Aminosäuren und Fettsäuren verändert sich in Abhängigkeit davon, ob sich der Körper im Zustand der Nahrungsaufnahme oder des Fastens befindet. Bestimmte pathologische Prozesse, wie z. B. Diabetes mellitus, können den normalen Stoffwechsel dieser Moleküle ebenfalls beeinflussen.
- Leber, Muskeln, Gehirn und Fettgewebe sind die Organe, die primär auf unterschiedliche Ernährungssituationen reagieren.

9.1. Zustand nach Nahrungsaufnahme

- Nach einer Mahlzeit ist das Verhältnis von Insulin zu Glukagon im Körper erhöht. Insulin fördert die Glucoseaufnahme in die Zellen und ermöglicht dadurch die Speicherung von „Treibstoff".
- **Leber:** Glukokinase phosphoryliert Glucose zu Glucose-6-Phosphat (G6P; dadurch wird hauptsächlich Glucose aus der Portalvene in die Leber transportiert).
- In der Leber kann G6P als Glykogen gespeichert, zu Acetyl-CoA umgewandelt (über Aktivierung der Pyruvatdehydrogenase) und schließlich zu freien Fettsäuren (fFS) umgesetzt werden, oder im Pentosephosphatweg verarbeitet werden, wodurch NADPH bereitgestellt wird.
- **Muskeln:** Glucose wird in Form von Glykogen gespeichert (Insulin bewirkt eine Aktivierung der Glykogen-Synthetase), und es findet eine gesteigerte Proteinbiosynthese statt (Kohlenstoff wird für den zukünftigen Gebrauch gespeichert und kann bei Bedarf zur Gluconeogenese in die Leber transportiert werden).
- **Gehirn:** Glucose ist die einzige Energiequelle des Gehirns.
- **Fettgewebe:** Eine erhöhte Insulinkonzentration bewirkt durch die Hemmung der hormonsensitiven Lipase eine gesteigerte Produktion von Acetyl-CoA zur Fettsäuresynthese und eine erhöhte Konzentration an Glycerol-3-Phosphat zur Veresterung von Fettsäuren.

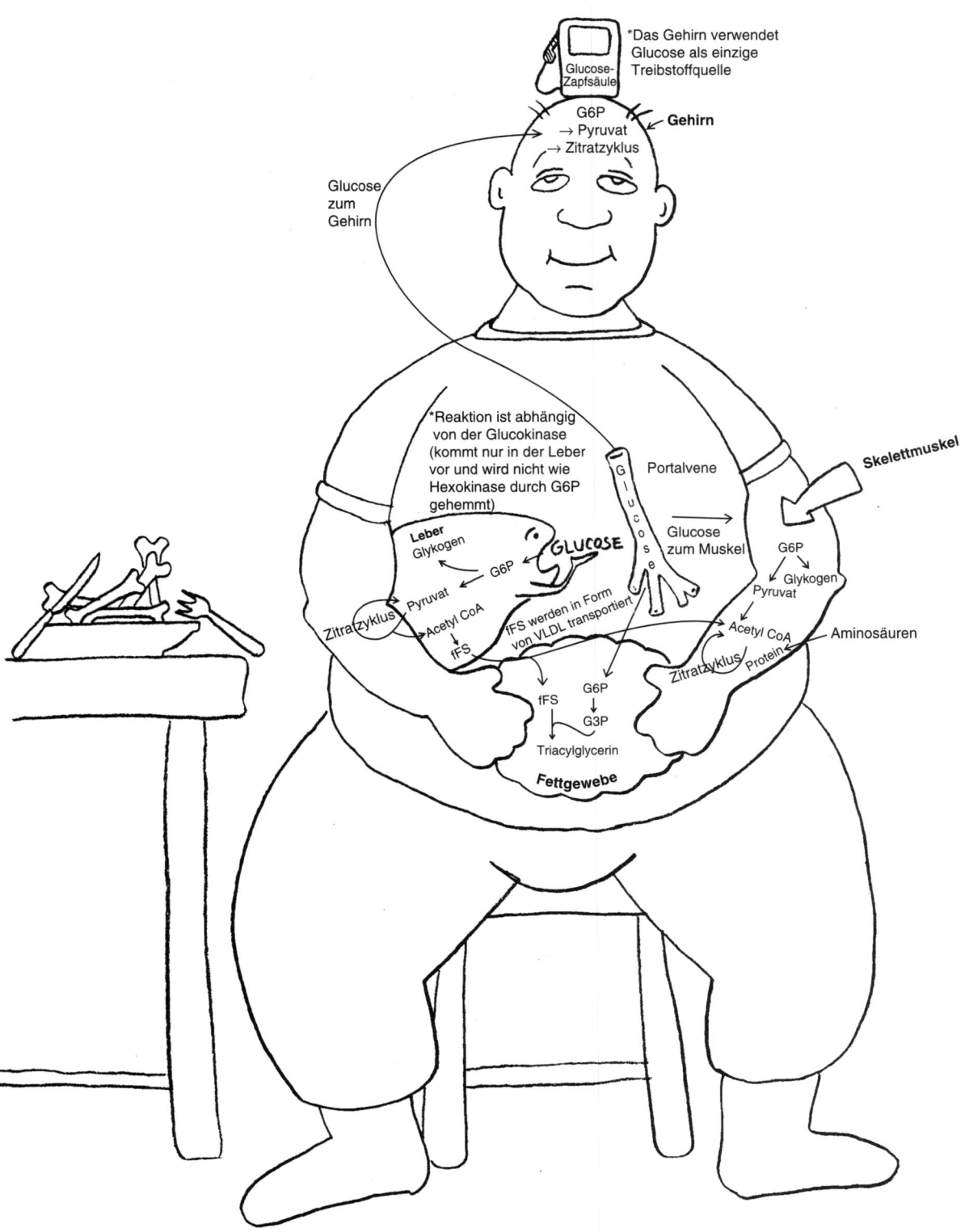

9.2 Fastenzustand

- Der Zustand des Fastens beginnt ungefähr drei Stunden nach der letzten Mahlzeit und dauert ca. eineinhalb Tage, danach beginnt der Hungerzustand.
- Da während dieser Phase keine Glucose über den Magen-Darm-Trakt aufgenommen wird, ist der Stoffwechsel darauf angewiesen, Blutglucose zu verbrauchen und die Konzentration von Glucose im Blut aufrechtzuerhalten, um den metabolischen Bedürfnissen des Körpers gerecht zu werden.
- Die Konzentration von Insulin im Blut wird gesenkt, die von Glukagon erhöht.
- **Leber:** Sie liefert Glukose (aus Glykogenabbau, später Gluconeogenese) und Ketonkörper (aus dem Fettsäuremetabolismus).
- **Muskeln:** Es findet ein Abbau von Skelettmuskulatur statt, wodurch Aminosäuren für die Gluconeogenese in der Leber bereitgestellt werden. Bei diesem Vorgang spielt die Glukose-6-Phosphatase keine Rolle, weil keine Glucose (aus dem Glykogenabbau) in die Blutbahn freigesetzt wird.
- **Gehirn:** Es wird weiterhin Glucose zu Energie verstoffwechselt.
- **Fettgewebe:** Hormonsensitive Lipasen werden zum Abbau von Triacylglycerin aktiviert. Die freien Fettsäuren werden zur Leber transportiert und können dort zu Ketonkörpern umgewandelt werden.

9.3 Hungerzustand

- Bei anhaltendem Fasten (> 36 Stunden) tritt der Körper in den Hungerzustand ein, wodurch Blutglukose und Proteine vor dem Abbau geschützt werden.
- **Leber:** Als Folge des verminderten Proteinabbaus und des anhaltenden Abbaus von Fettsäuren aus dem Fettgewebe findet eine gesteigerte Produktion von Ketonkörpern statt.
- **Muskel:** Es werden zunehmend freie Fettsäuren verstoffwechselt, und der Glykogenspeicher erschöpft sich.
- **Gehirn:** Es beginnt, Ketonkörper als Energiequelle zu nutzen. Die restliche Blutglucose wird von den Erythrozyten verbraucht, da in Erythrozyten kein Citratzyklus zum Abbau von Ketonkörpern stattfindet.
- **Fettgewebe:** Es werden weiterhin Fettsäuren freigesetzt, die zur Gluconeogenese verwendet werden.

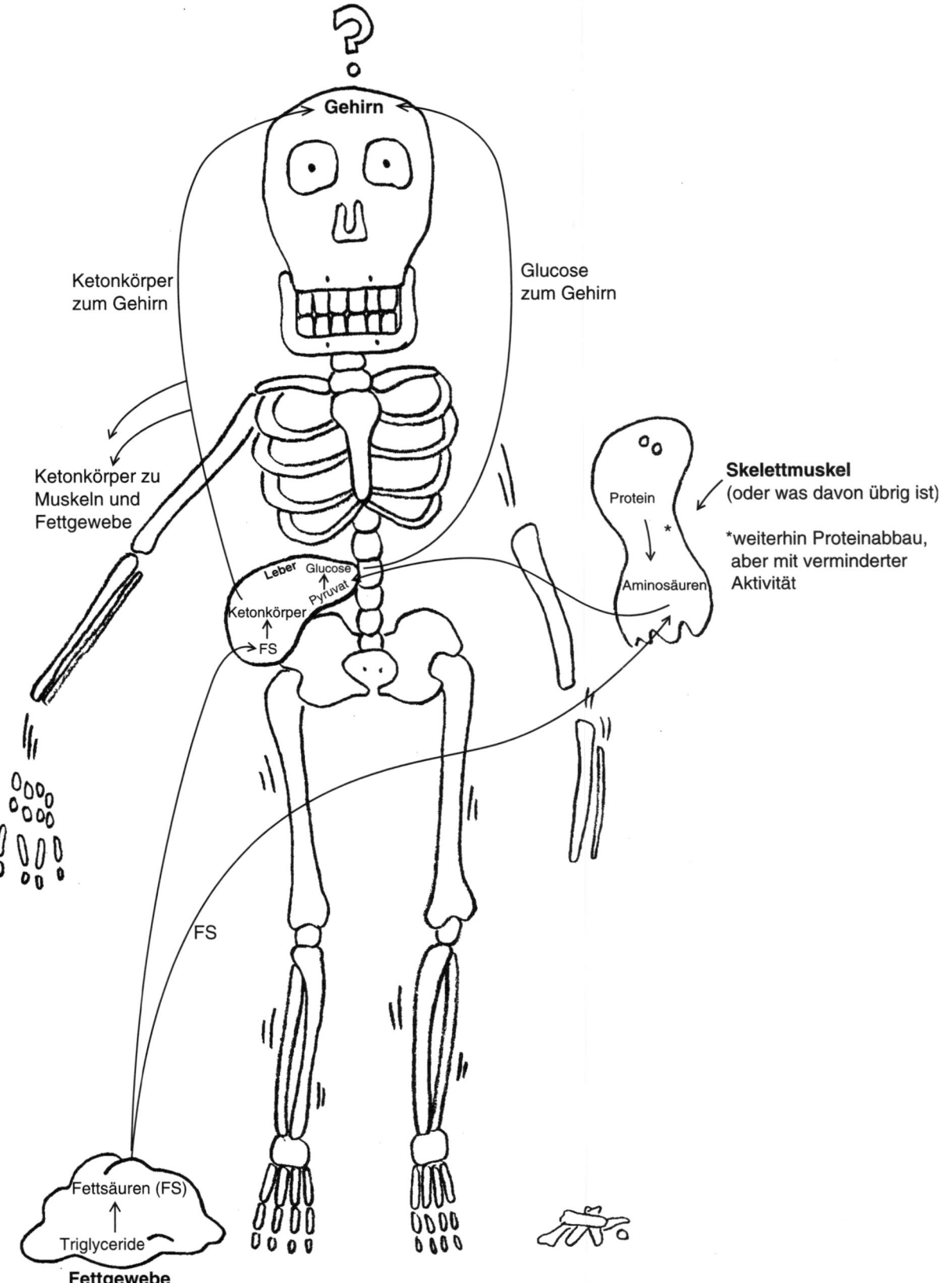

Gehirn

Ketonkörper
zum Gehirn

Glucose
zum Gehirn

Ketonkörper zu
Muskeln und
Fettgewebe

Skelettmuskel
(oder was davon übrig ist)

Protein

*

Aminosäuren

*weiterhin Proteinabbau,
aber mit verminderter
Aktivität

Leber Glucose
Pyruvat
Ketonkörper
FS

FS

Fettsäuren (FS)

Triglyceride

Fettgewebe

137

Index

A

abl-Gen   128, 129
Aceton   72
Acetyl-CoA   46, 68, 70, 72
– Cholin   100–101
– Gluconeogenese   70
Acetylcholin   100–101
ACh   114
ACTH (adrenocorticotropes Hormon)   96, 116
Acyl-CoA   72
Adenylatcyclase   111–112
ADH   116, 118
– cAMP   116
Adhäsionskontakte   62
ADP   68–69
Adrenalin   98–99, 102, 112
– Adrenorezeptoren   112
– biogene Amine   98
– Gluconeogenese   70
– Neurotransmitter   102
– Triglyzeride   72
Agammaglobulinämie   86
Alanin   4, 46, 74
– Gluconeogenese   70
– Pyruvatdehydrogenase-Mangel   45
Albumin   80–81
Aldosteron   96–97, 120
alkalische Phosphatase   82–83
Alkohol   46
ALL   128–129
1,6 Allolaktose   34
α-Fetoprotein   80–81
$α_1$-Adrenorezeptoren   110
$α_1$-Globuline   80–81
$α_2$-Adrenorezeptoren   111
$α_2$-Globuline   80–81
ALT (Alanin-Transaminase)   82–83
Aminosäuren   4, 32, 46, 132–135, 137
– Codon   30–32
– essentielle   74–75
– Fasten   135
– Hungerzustand   136–137
– Metabolismus   74
– Mutation   36–37
– Nahrungsaufnahme   132–134
– Proteinbiosynthese   32–33
– Pyruvatdehydrogenase-Mangel   45
– Sequenz   28
– Stoffwechsel   74–75, 82
– Struktur   4
Ammoniak   74
Amphetamine   102
Amylase   82–83
Anämie   41
– Fanconi   41

– hämolytische   47, 62, 70
Androgene   96
Angiotensin   97
Antibiotika   32
Anticodon   32
antidiuretisches Hormon   116, 118
Antigen   84–85
antiinflammatorische Medikamente (NSAR)   108
Antikoagulantien   90–91
Antikörper   80–81
Antithrombin III   90–91
Antituberkulosemittel   47
Aortenaneurysma   65
Apoptose   130
Arachidonsäure   108–109, 118–119
Arginin   74
AS   37
Asparagin   74
Aspartat   74
Aspirin   108
AST (Aspartat-Transaminase)   82–83
Asthma bronchiale   108
Astrozytom   128–129
Ataxia teleangiectatica   41
Atmungskette   68–69
ATP (Adenosintriphosphat)   14, 69
– Adrenorezeptoren   112–113
– Funktionen   14
– Glykolyse   68
– Synthese   72
Autoimmunerkrankungen   84
autokrine Botenstoffe   108
autokrine Signale   94–95
autosomal   41
autosomal-dominant   40
autosomal-rezessiv   40
Azidose   46

B

B-Zellen   86
Bakterien   22, 26
– DNA-Replikation   26, 53–55
– RNA   28
Bakteriophage   53
Base   6
bax-Gen   130
Benzodiazepine   104
β-Galaktosid-Transacetylase   34–35
β-Galaktosidase   34–35
β-Globuline   80–81
$β_1$-Adrenorezeptoren   112
$β_2$-Adrenorezeptoren   113
Bilirubin   78–79
Bindegewebserkrankungen   64
biogene Amine   98, 102

Biomolekülarten   2
Biotin   14
blaue Skleren   52, 65
Bloom-Syndrom   41
Blutgerinnung   88
– Antikoagulantien   90–91
– Gerinnungshemmung   90–91
– Gerinnungskaskade   88–89
– Gerinnungsstörungen   92
– Gerinnungstests   90
Blutserum   80
Bohr-Effekt   18
Botulinustoxin   100–101
BPG (2,3-Bisphosphoglyzerat)   18
Brønsted-Definition   6
Brust   128
Burkitt-Lymphom   128–129

C

C-reaktives Protein   80–81
Calcitonin   116
Calcium-Calmodulin-Mechanismus   122
Calciumkanäle   122
Calmodulin   122
cAMP   70, 116–117
– Adrenorezeptoren   111–113
– Gluconeogenese   70
CAP (Katabolit-Aktivator-Protein)   34
Carbaminohämoglobin   20
CDKs   128
CFTR-Gen   50
chemiosmotische Hypothese   68
chemische Signale   94
Chlorid-Schweißtest   50
Cholesterin   56–57, 97
– Desmolase   96–97
– Steroidhormone   96–97
– Triglyzeride   72
Cholesterin-Desmolase   97
Cholinesterase   83
Chromatin   24
Chromosomen
– Erbgangsstörungen   40
– Struktur   24–25
Chylomikronen   72
Citratzyklus   68, 69, 136
– Aminosäuren   74
– Hungerzustand   136
– Pyruvatoxidation   45
CK (Kreatinkinase)   82–83
CML   128–129
CO_2-Transport   20
Codons   30
Coenzym-A   14
Coeruloplasmin   80–81

COMT (Catechol-O-Methyltransferase) 98–99
Cori-Krankheit 42–43
Corticosteron 97
Cortisol 96–97
CRH (Corticotropin-Releasing-Hormon) 96, 116
Crigler-Najjar-Syndrom 78–79
CTP (Cytidintriphosphat) 14
Curare 100–101
Cyclin-abhängige Kinasen (CDKs) 126–129
Cycline 126–129
Cyclooxygenase-Weg 108–109
Cystein 74
Cytochrom-Oxidase-Komplex 68

D

Decarboxylasen 14
Dermatansulfat 66
Desmosomen 62
Desoxyhämoglobin 16
Diacylglycerin 118–119
Dihydrolipoyl-Dehydrogenase 68
Dihydrotestosteron 96–97
Dijodtyrosin (DIT) 106, 107
DNA 121
– Doppelstrang 24
– Einzelstrang 26–27
– Eukaryonten 22
– Konjugation 55
Mutationen 36
– p53-Gen 131
– Polymerase 26–27
– Prokaryonten 22
– Reparatur 41, 131
– Replikation 26–27, 55
– Schilddrüsenhormon 120
– Steroidhormone 120–121
– Struktur 24–25
– Transduktion 55
– Transformation 55
Dopamin 98–99, 102
Down-Syndrom 51
Dubin-Johnson-Syndrom 78–79
Dysplasie 64
Dystrophin 62

E

E. coli Escherichia coli 26, 53
– DNA-Replikation 26
– F-Faktor 55
– lac-Operon 34
– lytischer Stoffwechselweg 53
EGF (epidermal growth factor) 128
Ehlers-Danlos-Syndrom 52, 64–65
Eicosanoide 108
Einzelstrang-bindende Proteine 27
Eisen 16, 76

endokrine Signale 95
endoplasmatisches Retikulum (ER) 118–119, 122
Endozytose 22, 84
enterochromaffine Zellen 98–99
Enkephaline 102
Enzyme 10
– Enzymmangel 40
– Glykogen-Speicherkrankheiten 42, 70
– Glykolyse 68
– Lipidmembran 58
– lysosomale Speicherkrankheiten 44
– Pyruvatdehydrogenase 68
– Serum 82–83
Enzymklassifikation 14
Enzymmangel 40
Epidermolysis bullosa 62
Epidermolysis bullosa dystrophica 64–65
epiphyseale Dysplasie 64–65
erb-Gen 128, 129
Erbgang 40
– autosomal-dominant 40
– autosomal-rezessiv 40
– Kollagensynthesedefekte 52
– lysosomale Speicherkrankheiten 44
– X-chromosomal 50
– X-chromosomal-rezessiv 40, 47
Erbgangsstörungen
– Kollagensynthesedefekte 52
– lysosomale Speicherkrankheiten 44
– zystische Fibrose (Mukoviszidose) 50
Erythrozyten 62
– CO$_2$-Transport 20
– Glykolyse 68
– Hämoglobin 16
– Hungerzustand 136
– Zytoskelett 62
Estradiol 96
Eukaryonten 22
– DNA-Replikation 22
– genetischer Code 30
– Ribosomen 32
– RNA-Transkription 28
Exons 28
extrazelluläre Matrix 64
extrinsischer Weg 88–89

F

F-Faktor 55
Fabry-Erkrankung 44–45
FAD (Flavin-Adenin-Dinukleotid) 14
Fanconi-Anämie 41
Fasten 132, 134
Fava-Bohnen 70
fetales Hämoglobin (HbF) 16
Fettgewebe 134–137
Fettsäurekohlenwasserstoffe 2

Fettsäuren (FS) 2, 72, 132, 135, 137
Fibrillin 64
Fibrin 88–89
Fibrinogen 80–81, 88–89
Flagellen 62, 63
FMN (Flavin-Mononukleotid) 14
FMR-1-Gen 51
Forbes-Syndrom 70
fragiles-X-Syndrom (Martin-Bell-Syndrom) 51
Francis Crick 24
freie Aktivierungsenergie 12
Fructose 69–71
FSH (follikelstimulierendes Hormon) 96, 116

G

G-Protein 118–119
– ADH 118
– Calciumkanäle 122
– cAMP 116
– IP$_3$-(Inositol-1,4,5-Triphosphat 118
G6P 133
GABA (γ-Amino-n-Buttersäure) 102, 104–105
γ-Globuline 80–81
Gap-junctions 62
Gaucher-Krankheit 44
GDP 116
Gehirn 134–136
geistige Retardierung 41, 66
– Fanconi-Anämie 41
– fragiles-X-Syndrom (Martin-Bell-Syndrom) 51
– Lesch-Nyhan-Syndrom 49
Gel-Elektrophorese 38–39
Gene
– Krebs 128–129, 131
– Operons 34
genetische Erkrankungen
– Erbgangsstörungen 40
– Tests 38
genetischer Code 30
Gerinnungsfaktoren 80
Gerinnungshemmung 90
Gerinnungskaskade 88
Gerinnungsstörungen 92
Gerinnungstests 90
Gestagene 96
G6PD-Mangel
– Erythrozyten 70
GHRH (Somatotropin-Releasing-Hormon) 118
Gilbert-Meulengracht-Syndrom 78
Glioblastom 126, 128
Glucagon 116
– cAMP 116
Glucocorticoide 70, 96, 108–109, 120
– Eicosanoide 109
– Gluconeogenese 70

– Mechanismus 120
Gluconeogenese 70–71, 134
Glucose 132–137
– Oxidation 68
– Synthese 70
– Verdauung 132
Glucose-6-Phosphat (G6P) 132
Glucose-6-phosphat DH 71
Glucose-6-Phosphat-Dehydrogenase 47, 70
Glukagon 70, 132, 134
– Gluconeogenese 70
– Verdauung 132
Glukokinase 68
Glukokortikoide 70, 120
Glutamat 74, 102
Glutamin 74
Glutathion 18, 47
Glycerin 2
Glycerin-Phosphat-Shuttle 68, 69
Glycin 74, 102
Glykogen 68, 70, 132–133, 135
Glykogen-Speicherkrankheiten 42
Glykolyse 68–69
– Acetyl-CoA 68
Glucosaminoglykane 44, 64, 66
GnRH (Gonadotropin-Releasing-Hormon) 118
GTP (Guanosintriphosphat) 14, 116

H
H$^+$ 79
Haarnadelschleife 29
Häm 14, 16, 74
– Abbau 78
– Biosynthese 77
– Sauerstoffbindungskurve 18
– Stoffwechsel 78
– Synthese 76
Hämoglobin 16
hämolytische Anämie 47
Hämopexin 80–81
Hämophilie 92, 93
– Hämophilie A 92
– Hämophilie B 92
Haptoglobin 80–81
Harnstoff 74
Harnstoffzyklus 75
HCG (Choriongonadotropin) 116
Heinz-Körperchen 47
Henderson-Hasselbalch-Gleichung 6
Heparansulfat 66
Heparin 90–91
Hepatitis 78, 82
hereditäre Sphärozytose 62
Hers-Krankheit 70
Herzklappenerkrankungen 66–67
HETE 108–109
Hexokinase 68
Hexokinasereaktion 70

Hexosemonophosphatweg 70–71
Histamin 84–85, 98
Histidin 74, 98
Histone 22
Homovanillinsäure 98–99
HPETE 108–109
Hungerzustand 136
Hunter-Syndrom 44–45, 66
Hurler-Syndrom 44–45, 66
Hyaluronsäure 64
Hydrolasen 14
hydrophobe Enden 59
Hydroxylgruppen 2
Hyperbilirubinämie 78
Hyperlipidämie 42
Hyperparathyreoidismus 82
Hypoxämie 18

I
I$_2$ 106
Ibuprofen 108
Iduronat-Sulfat-Sulfatase 66
Ikterus 78
Immunglobuline (Antikörper) 80, 84, 85
– Funktion 84
– Klassen 86
– Struktur 84
Initiationsfaktoren 32
Inositol 1,4,5-Triphosphat 110
Insulin 72, 132, 134
– Fasten 134
– Fettgewebe 72
– Gluconeogenese 70
– Verdauung 132
Interphase 124
intrinsischer Weg 88–89
Introne 22
Introns 28
Iodid 106
IP$_3$-(Inositol-1,4,5-Triphosphat-) 118–119
isoelektrischer Punkt 4
Isoleucin 74
Isomerasen 14

J
J-Kette 86
James Watson 24

K
Kallikrein 88–89
katabole Repression 34
Katalysator 10
Katecholamine 98–99, 102
Keratine 62
Kernikterus 78
Ketonkörper 72, 134–137
Kinasen 14
Kohlenhydrate 2

Kohlenmonoxid 18
Kokain 82
Kollagensynthese 64
kolloidosmotischer Druck 80
Komplementsystem 84
kooperativer Effekt 16
korneale Trübung 44–45
Kosubstrate 14
kovalente Bindungen 8
Krabbe-Syndrom 44–45
Kreatinin 74
Krebs 124
– Onkogene 128–129
– Tumorsuppressorgene 131

L
L-Dopa 98
lac-Operon 34
Laktat 46, 68–69
Laktatazidose 46
Laktatdehydrogenase 68–69
Laktose-Permease 34–35
λ-Phagen 54
LDH (Laktatdehydrogenase) 82–83
Leber 80, 128, 132, 134–137
– Aminosäuren 74
– Fasten 134
– Glykogen-Speicherkrankheiten 42
– Hungerzustand 136
– Ketonkörper 72
– Krebs 126, 128
– lysosomale Speicherkrankheiten 66
– Plasmaproteine 80
– Serumenzyme 82
– Verdauung 132
– zystische Fibrose (Mukoviszidose) 50
Leberzirrhose 74
leichte mentale Retardierung 44
Leseraster verschiebung 37
Leucin 74
Leukodystrophie 44
Leukotriene 108–109
LH (luteinisierendes Hormon) 96, 116
Ligasen 14
Lineweaver-Burk-Gleichung 14
Lipase 82–83
– Eicosanoide 109
– Fasten 134
Lipiddoppelschicht 58
Lipide 2, 56, 58
Lipoxygenase-Weg 108–109
LPL (Lipoproteinlipase) 72
Lunge 56, 128
– Adrenorezeptoren 113
– Krebs 128
– Leukotriene 109
– Surfactant 56
– Zilien 63

– zystische Fibrose (Mukoviszidose) 50
Lyasen 14
Lymphokine 86
Lysin 74
lysogener Stoffwechselweg 54
lysosomale Speicherkrankheiten 44, 66
Lysosomen 44
lytischer Stoffwechselweg 53

M

m-RNA (messenger-RNA) 28, 121
Maculae adhaerentes 62
Makroglobulinämie Waldenström 86
Malat-Aspartat-Shuttle 68–69
Mangel an Phenylalaninhydroxylase 74
MAO (Monoaminoxidase) 98–99
Marfan-Syndrom 64–65
Mastzellen 84–85, 98
McArdle-Syndrom 42–43, 70
Mekoniumileus 50
Melanin 74
Melanom 41, 126, 128
Membran
– Kanäle 60
– Lipiddoppelschicht 58
– Lipide 56
– Permeabilität 58
– Proteine 58
– Zytoskelett 62
mentale Retardierung 44
Metabolismus 68
Methämoglobin 18
Methionin 74
Michaelis-Konstante 14
Michaelis-Menten-Gleichung 14
Mineralocorticoide 96, 97
Missense-Mutation 36–37
mitochondrial 40
Mitochondrium 75
Mitose 124
molare Konzentration 2
Monoaminoxidase (MAO) 102–103
Monojodtyrosin (MIT) 106, 107
Monosaccharide 2
Moskito 47
Motoneuronen 100–101
MPF (M-phase-promoting-factor) 124
MSH (Melanozyten stimulierendes Hormon) 116
Mucopolysaccharidose 44
multiples Myelom 86
muskarinerge Cholinorezeptoren 115
Muskel 136
– Acetylcholin 100
– Adrenorezeptoren 112–113
– Fasten 134
– Hungerzustand 136
– Verdauung 132

Muskeldystrophie 40, 62
Muskeln 132, 134
Mutant mit DNA 36
myc 128
myc-Gen 129
Myoglobin 16

N

NAD 71
NADH 68–69, 71
NADH, FADH$_2$ 68
NADP 79
NADPH 47, 70, 79
Nahrungsaufnahme 132
Natrium-Kalium-Pumpe 60
Neurotransmitter (biogene Amine) 102–103
– Aminosäuren 102
nicht-steroidale 108
nichtkovalente Bindungen 8
Niemann-Pick-Krankheit 44–45
Nieren 78
– Bilirubin 78
– Glykogen-Speicherkrankheiten 42
– Nierenversagen 49
nikotinerge Cholinorezeptoren 114
Nonsense-Mutation 36–37
Noradrenalin 98, 99, 102, 110, 112
– Adrenorezeptoren 110, 112
– Gluconeogenese 70
– Neurotransmitter 102
– Triglyzeride 72
Northern-Blot 38–39
NSAR 109
Nucleosom 24
Nucleotid 32
Nukleinsäuren 2

O

Okazaki-Fragmente 26
Onkogene 128
Opsonierung 84
Organophosphate 100
Osteogenesis imperfecta 52, 65
Osteomalazie 82
Osteosarkom 128–129
Östradiol 97
Östrogen 96, 120
Ovarien 128
Oxidation von Glucose 68
Oxidoreduktasen 14
Oxygenasen 14
Oxytocin 118

P

P-450 96
p53-Gen 130, 131
Palindrom 28
Pankreas
– Serumenzyme 82

– zystische Fibrose (Mukoviszidose) 50
parakrine Botenstoffe 108
parakrine Signale 94–95
PDGF (platelet derived growth factor) 128
Pentosephosphat-Weg 47, 132
Pentosephosphatzyklus 70–71
PEP (Phosphoenolpyruvat) 70
PFK (Phosphofruktokinase) 68
PGI$_1$ 109
pH 4
Phagozytose 84
Phenylalanin 74
Phenylketonurie (PKU) 40
Phosphofruktokinase 70
Phosphoglyceride 56, 57
Phospholipase 53, 108–109, 118
Phospholipide 72
Phosphorylase 14, 42
– Phosphorylase C 119
Phosphorylierung 68
pK 4
Plasmacholinesterase 82–83
Plasmaproteine 80
Plasmazellen 84, 86
Plasminogen 90
Plattenepithelkarzinom 128
PLP (Pyridoxalphosphat) 14
Polymerase
– DNA 26, 38
– RNA 26, 28, 38
Polymerase-Kettenreaktion (PCR) 38–39
Polypeptide 4
Pompe-Krankheit 42–43
Porphobilinogen 77
Porphyrien 76
Porphyrinring 76
Pregnenolon 97
Primaquin 70
Primase 26
Progesteron 96–97, 120
Prokaryonten 22
– DNA-Replikation 22, 26
– genetischer Code 30
– Ribosomen 32
Prolin 74
Prophage 54
Prostacyclin 88, 108, 109
Prostaglandine 108–109
Prosthetische Gruppen 14
Proteasen 80
Protein C 90–91
Proteinbiosynthese 32
Proteine 2, 135–137
– Abbau 136
– Biosynthese 32, 132
– Blutplasma 80
– Enzyme 10
– induzierbare 34

– Membran 58
– Signaltransduktion 128
– SSB-Proteine (engl. single-stranded DNA-binding Protein = einzelstrang-bindendes Protein) 26
– Synthese 124
– Struktur 4
– Transkription 126
Proteinkinase A 70, 117
Proteinkinase C 118–119
Proteinstruktur 4
Proteoglykane 64
Prothrombinzeit 90
Proto-Onkogene 128
Protozoen 22
PTH (Parathormon) 116
Purin 36–37, 74
– Adenin 24
– Guanin 24
Pyrimidin 36–37, 74
– Cytosin 24
– Thymin 24
Pyruvatdehydrogenase 68, 132
– Verdauung 132
Pyruvatdehydrogenase-Mangel 46
Pyruvatkinase 70
Pyruvatoxidation 46

R

r-RNA (ribosomale RNA) 28
ras-Gen 128, 129
Reserpin 102–103
Retinoblastom-Gen (Rb) 130
Retinoblastom-Protein (pRb) 126
Retinol 80
rezessiv 41
Ribose 28
Ribosomen 32
RNA 28
– Enzyme 10
– m-RNA (messenger-RNA) 28
– messenger-RNA 53, 120
– Polymerase 26, 28
– r-RNA (ribosomale RNA) 28
– Ribozyme 10
– Synthese 124
– t-RNA (transfer-RNA) 28
– transfer-RNA 32
– Transkription 28
rote Blutkörperchen 16

S

S-(Svedberg-)Einheit 32
SAM (S-Adenosylmethionin) 14
Sarkom 126
Sauerstoffbindungskurve 18
Säure 6
Säure-Basen-Haushalt 6
Schaumzellen 44
Schilddrüsenhormone 106, 120

Serin 74
Serotonin 98–99, 102
Serumenzyme 82
Shine-Delgarno-Sequenz 32
Sichelzellanämie 40
Signaltransduktionsproteine 128
sis-Gen 128, 129
Skelettmuskel 135, 137
Skorbut 64–65
Southern-Blot 38–39
Southwestern-Blot 38–39
Spektrin 62
Spermien 62
Sphingolipide 56–57
SSB 27
Steroidhormone 96
– Eicosanoide 109
– Mechanismus 120
stille Mutation 37
Stoffwechsel
– Aminosäuren 74, 82
– Gluconeogenese 70
– Glucose 68
– Häm 76, 78
– Kohlenhydrate 70
– Triglyzeride 72
Streptokinase 90
stumme Mutation 36
Substanz P 102
Succinyl-Semialdehyd 104
Succinylcholin 82
Surfactant 57

T

T4-Bakteriophage 53
T-Helferzellen 86
t-RNA (transfer-RNA) 28
Tauri-Glykogenose 70
Tay-Sachs-Krankheit 44, 45
Teleangiektasien 41
Testosteron 96–97, 120
Tetrazykline 32
TF 88–89
THF (Tetrahydrofolat) 14
Threonin 74
Thrombin 88–89, 91
Thrombomodulin 90–91
Thromboxan 88, 108–109
Thrombozyten 89
Thrombozytenaggregation 108
Thrombusbildung 90
Thymidin 41
Thyreoglobulin (TG) 106, 107
Thyreotropin 106
Thyroxin (T4) 106
Thyroxin-Bindungsprotein (TBG) 106
Tight-junctions 62
tPA 90
TPP (Thiaminpyrophosphat) 14
Transferasen 14

Transkortin 80
Transkription 28
– Proteine 126
– RNA 28
Translation 37
Transport 60
– CO_2 20
– Membrankanäle 60
Transversion 36–37
TRH 118
Tricarbonsäurezyklus 68
Triglyceride 72, 73, 137
– Moleküle 2
– Stoffwechsel 72
– Verdauung 132
Trijodthyronin (T_3) 106
Trübung der Kornea 67
Tryptophan 74
TSH (thyreotropes Hormon) 107, 116
Tumorsuppressorgene 130
Tyrosin 74, 98–99
– Katecholamine 98
– PKU 48
– Thyroglobulin 107

U

Unfruchtbarkeit 50, 62
Uracil 28
Urobilinogen 78
Urokinase 90
Uroporphyrinogen 76
Uteruskontraktion 108
UV 41

V

Valin 74
Van-der-Waals-Bindungen 8
Vanillinmandelsäure 99
Viren
– DNA-Replikation 26, 53–54
– Onkogene 128
Vitamin A 50
Vitamin B_1 46
Vitamin D 50, 120
Vitamin E 50
Vitamin K 50, 90–91
Von-Gierke-Krankheit 42–43, 70

W

Wachstumsfaktoren 128
Warfarin 90–91
Wasser 2
Wasserstoffbindungen 2
Wasserstoffionen 2
Western-Blot 38–39
Willebrand-Faktor 88, 92

X

X-chromosomal-rezessiv 40, 47
Xeroderma pigmentosum 41

Z

Zellen 57
– B-Zellen 86–87
– enterochromaffine 98–99
– Eukaryonten 22
– Mastzellen 84, 98
– Plasmazellen 80, 84, 86
– Prokaryonten 22
– retikuloendotheliale 84

– Schaumzellen 44
– Struktur 56–59, 61–67
– T-Helferzellen 86
Zellzyklus 124
zerebelläre Degeneration 41
Zilien 62–63
Zitratzyklus, Zitronensäurezyklus
    s. Citratzyklus 68
Zonulae adhaerentes 62

Zwergenwuchs 64–66
Zyanid 68
zyklisches Adenosinmonophosphat
    (cAMP) 116
zystische Fibrose (Mukoviszidose) 40,
    50
Zytoskelett 22, 62

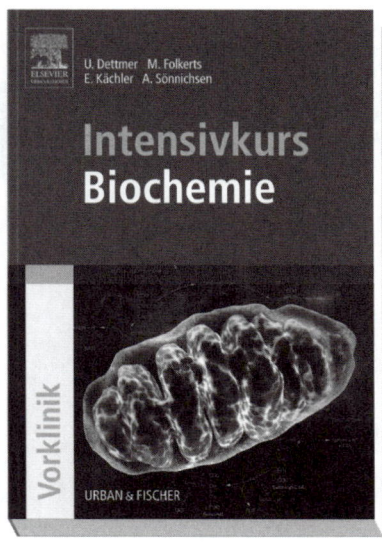
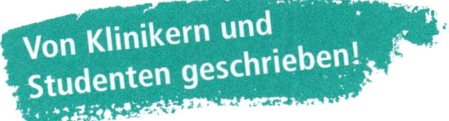